国家示范性高等职业院校核心课程"十三五"规划教材
——电子电气类

电机及电气控制

主　编　赵淑娟　周北明　王俊洲
副主编　黄　伟　张晓娟　杜建宏

西南交通大学出版社
·成都·

图书在版编目（CIP）数据

电机及电气控制/ 赵淑娟，周北明，王俊洲主编.
—成都：西南交通大学出版社，2017.7（2019.7重印）
国家示范性高等职业院校核心课程"十三五"规划教材.电子电气类
ISBN 978-7-5643-5565-4

Ⅰ.①电… Ⅱ.①赵… ②周… ③王… Ⅲ.①电机学–高等职业教育–教材②电气控制–高等职业教育–教材 Ⅳ.①TM3②TM921.5

中国版本图书馆 CIP 数据核字（2017）第 164744 号

国家示范性高等职业院校核心课程"十三五"规划教材·电子电气类

电机及电气控制

主编　赵淑娟　周北明　王俊洲

责任编辑	张华敏
特邀编辑	唐建明　陈正余
封面设计	何东琳设计工作室
出版发行	西南交通大学出版社 （四川省成都市金牛区二环路北一段 111 号 西南交通大学创新大厦 21 楼）
邮政编码	610031
发行部电话	028-87600564
官网	http://www.xnjdcbs.com
印刷	成都勤德印务有限公司
成品尺寸	185 mm×260 mm
印张	11
字数	276 千
版次	2017 年 7 月第 1 版
印次	2019 年 7 月第 2 次
定价	28.00 元
书号	ISBN 978-7-5643-5565-4

课件咨询电话：028-87600533
图书如有印装质量问题　本社负责退换
版权所有　盗版必究　举报电话：028-87600562

前　言

"电机及电气控制"是高职高专电子电气类工科专业开设的一门实践性强、与实际生产结合紧密的技术应用型课程，也是培养电子电气类高职学生自动化工程实践能力和创新能力的一门重要课程。根据高等职业技术院校电气自动化技术的专业标准，我们于 2017 年组织了一批学术水平高、教学经验丰富、实践能力强的教师与行业一线专家，共同研究编写了本教材。本教材的内容根据高职电类专业毕业生就业岗位能力的需求进行选取，特别强调结合工程实际应用，突出技术应用性，重点培养学生解决工程实际问题的能力，采用项目导向、任务驱动、理论实践教学一体化的形式进行编写。

在教材的编写过程中，我们贯彻了以下编写原则：

第一，注重与行业的深度结合，我们聘请了电气、机电等知名企业的高级工程师共同研究教材开发。从教材编写思路的确定，编写大纲的拟定，教师下企业调研搜集资料，以及项目的实际操作过程是否规范、所选设备和技术是否符合企业实际等问题的解决，到最终教材内容的审定，整个过程都有企业技术人员的参与，保证了教材理论与实际的紧密结合，使教材内容的实用性得到了保证。

第二，基于工作过程进行课程开发，以行动导向为主线，选取典型的任务、项目、产品、案例等作为载体，通过采取工学交替、任务驱动、项目导向、课堂与实习地点一体化等以行动导向为核心的教学模式，引导学生获取信息、训练技能，完成项目实施、检查与评估，有效地培养了学生的专业能力、方法能力和社会能力。

第三，从职业（岗位）需求分析入手，遵循"以工作任务引领专业知识，以职业资格证书的标准规范课程内容"的原则，参照"维修电工""电气助理工程师""电气制图员"国家职业标准的要求，精选教材内容，切实落实"双证"融通的课程教材。

第四，按照教学规律和学生的认知规律，合理编排教材内容。尽量采用以图代文的编写形式，降低学习难度，提高学生的学习兴趣。注重必备知识与拓展知识的联系。一方面针对学生未来就业的岗位要求来选取知识和技能培训内容，着力培养学生未来就业所需要的知识和能力，使学生得到业界的认可；另一方面，又增加了拓展性的教学内容，为学生在将来的工作中解决技术问题提供了参考资料。

本书按教学内容划分为三大模块，每个模块根据任务划分为多个教学项目，每个教学项目除配有一定数量的习题以帮助学生进一步巩固基础知识外，还在每个项目中配有实践性较强的训练任务，可以帮助学生强化实践技能及综合应用能力。本书配备的教学学时为 60~90 学时，各教学任务的参考学时如下表所示。

模　块	教学任务	学　时	
		理论	实践
基础篇 电动机	1. 三相交流异步电动机的拆装	2~4	2
	2. 三相交流异步电动机的检测	2~4	2
技能篇 典型电气控制线路的 分析与安装调试	1. 三相交流异步电动机直接启动控制线路的分析与安装调试	6~8	2~4
	2. 三相交流异步电动机顺序控制线路的分析与安装调试	4~6	2~4
	3. 三相交流异步电动机正反转控制线路的分析与安装调试	4~6	2~4
	4. 三相交流异步电动机降压启动控制线路的分析与安装调试	4	2~4
	5. 三相交流异步电动机制动控制线路的分析与安装调试	4	2~4
提高篇 典型通用机床 电气控制线路的检修	1. Z3040型摇臂钻床电气控制线路的检修	8~10	4~6
	2. X62W型万能铣床电气控制线路的检修	6~8	4~6
总计学时：60~90学时		38~54	22~36

　　本书可作为高等职业教育电气、机电一体化等专业的教材，也可供其他专业如机械、汽车等专业师生及有关工程技术人员参考，也可作为中等职业学校有关专业的提高教材，还可作为自学考试或电气技术工程人员的学习用书。

　　本书是重庆工业职业技术学院电气自动化技术骨干专业建设的成果，由重庆工业职业技术学院赵淑娟、周北明、王俊洲任主编，重庆工业职业技术学院黄伟、张晓娟任副主编，本书还邀请了公安海警学院的杜建宏老师参加基础篇内容的编写。

　　在本书的编写过程中，编者得到了重庆工业职业技术学院、重庆工程职业技术学院、重庆工商职业技术学院、重庆赛迪股份有限公司、重庆长安集团等单位的多位老师和行业专家的大力支持，在此一并表示感谢。同时，希望广大读者对教材提出宝贵的意见和建议，以便修订时加以完善。

编　者
2017年6月

目 录

基础篇　电动机 1

任务 1　三相交流异步电动机的拆装 1
　【学习目标】 1
　【相关知识】 1
　【思考与提高】 9
　【技能训练】 10

任务 2　三相交流异步电动机的检测 11
　【学习目标】 11
　【相关知识】 11
　【思考与提高】 22
　【技能训练】 23

知识拓展一 24

拓展学习 1　单相电动机 24
　【学习目标】 24
　【相关知识】 24
　【思考与提高】 26

拓展学习 2　直流电动机 27
　【学习目标】 27
　【相关知识】 27
　【思考与提高】 33

拓展学习 3　步进电动机 34
　【学习目标】 34
　【相关知识】 35
　【思考与提高】 38

拓展学习 4　伺服电动机 38
　【学习目标】 39
　【相关知识】 39
　【思考与提高】 43

技能篇　典型电气控制线路的分析与安装调试 44

任务 1　三相交流异步电动机直接启动控制线路的分析与安装调试 44
　【学习目标】 44
　【相关知识】 45
　【思考与提高】 65
　【技能训练】 68

任务 2　三相交流异步电动机顺序控制线路的分析与安装调试 69
　【学习目标】 69

【相关知识】 ··· 70
　　　【思考与提高】 ··· 81
　　　【技能训练】 ··· 82
　任务3　三相交流异步电动机正反转控制线路的分析与安装调试 ······························· 83
　　　【学习目标】 ··· 83
　　　【相关知识】 ··· 83
　　　【思考与提高】 ··· 90
　　　【技能训练】 ··· 92
　任务4　三相交流异步电动机降压启动控制线路的分析与安装调试 ······························· 93
　　　【学习目标】 ··· 93
　　　【相关知识】 ··· 94
　　　【思考与提高】 ··· 99
　　　【技能训练】 ·· 102
　任务5　三相交流异步电动机制动控制线路的分析与安装调试 ··································· 103
　　　【学习目标】 ·· 103
　　　【相关知识】 ·· 103
　　　【思考与提高】 ·· 110
　　　【技能训练】 ·· 111

知识拓展二 ·· 112
　拓展学习1　单相电动机控制线路的分析 ··· 112
　　　【学习目标】 ·· 112
　　　【相关知识】 ·· 112
　拓展学习2　直流电动机电气控制线路的分析 ··· 113
　　　【学习目标】 ·· 113
　　　【相关知识】 ·· 114

提高篇　典型通用机床电气控制线路的检修 ·· 116
　任务1　Z3040型摇臂钻床电气控制线路的检修 ··· 116
　　　【学习目标】 ·· 116
　　　【相关知识】 ·· 117
　　　【思考与提高】 ·· 128
　　　【技能训练】 ·· 128
　任务2　X62W型万能铣床电气控制线路的检修 ··· 129
　　　【学习目标】 ·· 129
　　　【相关知识】 ·· 130
　　　【思考与提高】 ·· 138
　　　【技能训练】 ·· 138

附　录 ·· 140
　附录A　国家电气标准的若干规定 ··· 140
　附录B　新旧电气元件符号对照 ··· 144
　附录C　部分电气元件的技术数据 ··· 148

参考文献 ·· 170

基础篇　电动机

在现代工业中，为了实现各种生产工艺过程，大量使用了以自动化技术为核心的生产机械。这些生产机械一般都需要由原动机来拖动，电动机是拖动工业设备的主要原动机。知晓电动机的结构、工作原理等相关知识对学习常规电气控制线路具有非常重要的意义。在以继电器、接触器为核心元件的常规控制系统中，被控对象主要包括三相交流异步电动机、直流电动机、单相电动机、电磁阀和信号灯等设备。由于现代工业电网中普遍采用三相交流电，而三相交流异步电动机又具有结构简单、工作可靠、维护方便、价格便宜等众多优点，所以在现代工业领域中，三相交流异步电动机作为生产机械的原动机广泛应用于电力拖动系统中，成为常规继-接控制系统最主要的控制对象。

任务1　三相交流异步电动机的拆装

三相交流异步电动机在使用一段时间后，由于内部污染等原因会严重影响其运行性能。对其内部进行清理会有效改善电动机的工作性能。在对三相交流异步电动机的内部进行清理之前，首先要对其进行拆卸。为了能顺利地对电动机进行拆装，需要对交流异步电动机的结构进行充分了解，并知晓三相交流异步电动机的铭牌数据及其含义。

【学习目标】

1. 规范与标准

了解相关行业及国家规范与标准，重点是《电机手册》、《国家电气设备安全技术规范》GB 19517—2004、《用电安全导则》GBT 13869—92。

2. 知识目标

了解三相交流异步电动机的基本结构，熟悉三相交流异步电动机的铭牌数据及其含义。

3. 技能目标

能按照相关行业及国家规范与标准，对小型三相笼型异步电动机进行拆装及内部清洗。

【相关知识】

电机一般分为静止电机、控制电机和旋转电机。静止电机指的是静止不动的电机，比如变压器；控制电机指的是将信号进行转换和传递的电机，比如伺服电机；旋转电机指的是转轴发生相对运动并能够进行能量转换的电机，一般又分为电动机和发电机。发电机是将机械能转换成为电能，电动机是将电能转换成为机械能。电动机又可以按照外加电源的种类分为直流电动机、交流电动机。交流电动机又可以按照外加电压的相数分为单相电动机和三相电动机。三相电动机又可以按照转轴的运动形式分为同步电动机和异步电动机。工厂里常用的是三相交流异步电动机,它具有结构简单、工作可靠、维护方便、价格便宜等优点,在现代各行各业中都有着广泛的应用。三相交流异步电动机的缺点是功率因数较低,启动和调速性能相对于同等容量的直流电机而言比较差,因此,三相交流异步电动机广泛应用于对调速性能要求不高的场合,比如普通机床、生产线、鼓风机、水泵等控制系统。

一、三相交流异步电动机的结构

我国生产的三相异步电动机的种类很多,适用场合和用途各不相同,一般用符号 Y 来进行代表。部分常用的 Y 系列三相交流异步电动机的性能及特点如表 1-1-1 所示。

表 1-1-1 部分 Y 系列三相交流异步电动机的性能特点

系列品种	系列名称	性能及特点
Y	全封闭自扇冷式笼型转子三相交流异步电动机	具有高效、节能、启动转矩大、性能好、噪声低、振动小、可靠性高、使用维护方便等优点;采用 B 级防护,外壳防护等级为 IP44;应用于农业机械、机床、搅拌机等
YVF	变频调速三相交流异步电动机	具有过载能力大、机械强度高、调速范围广、运行稳定的特点,电动机噪声低、振动小,有助于节能和实现自动化控制
YD	变极调速电动机	性能优良,适用于矿山、冶金、纺织等需要分级变速的设备上
YB	防爆型三相交流异步电动机	适用于有爆炸性气体混合物存在的场所
YLB	立式深井泵用异步电动机	该电动机是驱动立式深井泵的专用电动机,适用于广大农村及工地吸取地下水

三相交流异步电动机的种类虽多,但各类三相交流异步电动机的基本结构是类似的,它们都由定子和转子这两大基本部分组成,此外,还有端盖、轴承、接线盒、吊环等其他附件。图 1-1-1 所示为 Y 系列封闭式三相笼型异步电动机的基本结构示意图。

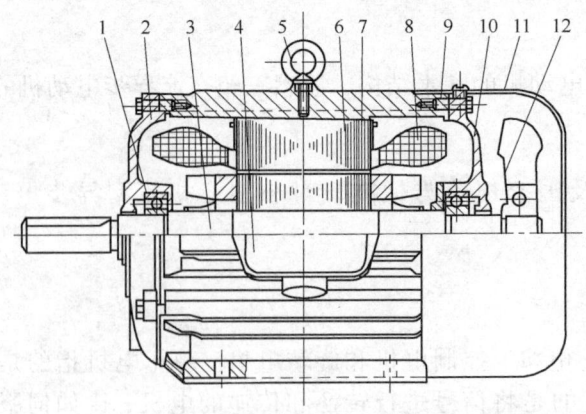

图 1-1-1 封闭式三相笼型异步电动机的结构图

1—轴承;2—前端盖;3—转轴;4—接线盒;5—吊环;6—定子铁芯;7—转子;
8—定子绕组;9—机座;10—后端盖;11—风罩;12—风扇

1. 定子部分

在三相交流异步电动机中,定子的主要作用是用来产生旋转磁场和支撑整个电机。三相交流异步电动机的定子一般由外壳、定子铁芯、定子绕组等部分组成。

(1) 外壳

三相交流异步电动机的外壳一般包括机座、端盖、轴承盖、接线盒及吊环等部件。

机座由铸铁或铸钢浇铸成形。它的作用是保护和固定三相交流异步电动机的定子绕组。通常,机座的外表要求散热性能好,所以一般都铸有散热片。

端盖由铸铁或铸钢浇铸成形,它的作用是把转子固定在定子内腔中心,使转子能够在定子中均匀地旋转,是三相电动机机械结构的重要组成部分。

轴承盖也是用铸铁或铸钢浇铸成形的,它的作用是固定转子,使转子不能轴向移动,另外起存放润滑油和保护轴承的作用。

接线盒一般用铸铁浇铸成形,其作用是保护和固定绕组的引出线端子。

吊环一般用铸钢制造,安装在机座的上端,方便起吊、搬运电动机。

(2) 定子铁芯

三相交流异步电动机的定子铁芯是三相交流异步电动机磁路的一部分,一般由 0.35~0.5 mm 厚的表面涂有绝缘漆的薄硅钢片叠压而成,硅钢片较薄而且片与片之间是绝缘的,如图 1-1-2 所示。定子铁芯内圆有均匀分布的槽口,用来嵌放定子绕组。

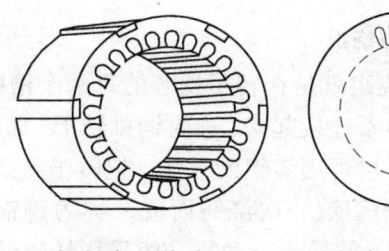

(a) 定子铁芯　　(b) 定子冲片

图 1-1-2　定子铁芯及冲片示意图

(3) 定子绕组

定子绕组是三相交流异步电动机的电路部分。三相交流异步电动机中有三相对称绕组,通入三相对称电流时,就会产生旋转磁场。所谓旋转磁场,就是一种极性和大小不变且以一定速度旋转的磁场。电动机的三相绕组由三组彼此独立的绕组组成,且每组绕组又由若干线圈连接而成。每组绕组即为一相,每组绕组在空间相差 120° 电角度。电角度 = $p \times$ 机械角度,p 是电动机的极对数。若电机有 p 对磁极,电机圆周按电角度计算就为 $p \times 360°$ 电角度,而其机械角度总是 360°。

定子绕组线圈用绝缘铜导线或绝缘铝导线绕制。中、小型三相异步电动机多采用圆漆包线,大、中型三相异步电动机的定子线圈则用较大截面的绝缘扁铜线或扁铝线绕制后,再按一定规律嵌入定子铁芯槽内。定子三相绕组的六个出线端都引至接线盒上,首端分别标为 U_1、V_1、W_1,末端分别标为 U_2、V_2、W_2,这六个出线端在接线盒里的排列如图 1-1-3 所示。三相交流异步电动机的定子绕组可以根据电动机的容量和实际需要接成星形(Y)或三角形(△)。对于大型异步电动机,通常接为△接法,对于中、小

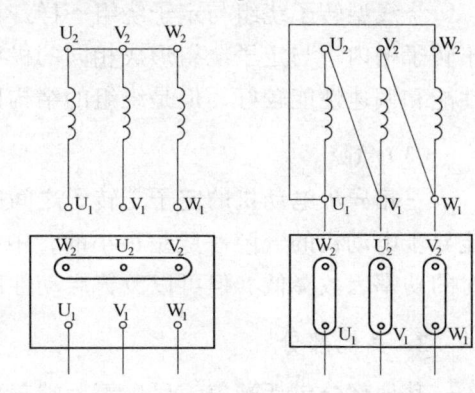

(a) 星形(Y)连接　　(b) 三角形(△)连接

图 1-1-3　定子绕组的连接

型异步电动机，则可按照不同的要求接为 Y 接法或 △ 接法。

2. 转子部分

三相交流异步电动机的转子是三相交流异步电动机的转动部分，主要作用是对外输出机械转矩。它在定子绕组通入相应的交流电源后所产生的旋转磁场的作用下获得一定的转矩而旋转，通过联轴器或者皮带轮带动其他设备做功。转子由转子铁芯、转子绕组和转轴等部分组成。

（1）转子铁芯

三相交流异步电动机的转子铁芯通常是用 0.35~0.5 mm 厚的硅钢片叠压而成，套在转轴上，其作用和定子铁芯相同，一方面作为电动机磁路的一部分，一方面用来安放转子绕组。

（2）转子绕组

三相交流异步电动机的转子绕组分为绕线型与笼型两种，因此，三相交流异步电动机也分为绕线型异步电动机与笼型异步电动机。机床上常用的三相交流异步电动机一般是采用笼型绕组的笼型异步电动机。

a. 笼型绕组

笼型绕组就是在转子铁芯的每一个槽中插入一根铜条，在铜条两端各用一个铜环（称为端环）把导条连接起来，称为铜排转子，如图 1-1-4（a）所示。也可用铸铝的方法，把转子导条和端环风扇叶片用铝液一次浇铸而成，称为铸铝转子，100 kW 以下的异步电动机一般采用铸铝转子，如图 1-1-4（b）所示。实际生产中的笼型转子铁芯槽沿轴向是斜的，导致导条也是斜的，这样主要是为了改善笼型电动机的启动性能。

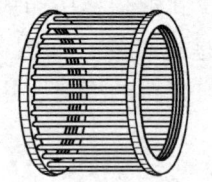 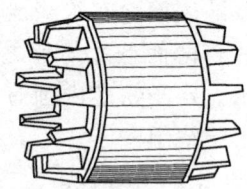

（a）铜排转子　　　（b）铸铝转子

图 1-1-4　笼型转子绕组

笼型绕组因结构简单、制造方便、运行可靠，所以得到广泛应用。

b. 绕线型绕组

绕线型转子绕组与定子绕组一样，也是一个三相对称绕组。它由绝缘导线绕制而成，嵌于转子槽内，与定子绕组形成相同的极对数，连接成一定的接法。绕线型绕组电动机的启动性能和调速性能较好，但是绕组的结构比较复杂，制造也比较麻烦。

（3）气隙

三相异步电动机的定子与转子之间的空气隙，称为三相交流异步电动机的气隙。三相交流异步电动机的气隙一般是很小的，中小型电机一般为 0.2~2 mm。气隙太大，电动机运行时的功率因数降低，但可以改善启动性能；气隙太小，使装配困难，运行不可靠。

3. 其他部分

其他部分包括端盖、风扇等。端盖除了起防护作用外，在端盖上还装有轴承，用以支撑转子轴。风扇用来通风冷却电动机。

二、三相交流异步电动机的铭牌数据

在三相交流异步电动机的外壳上钉有一块牌子，叫铭牌。铭牌上注明了这台三相交流异步电动机的主要技术数据，这些数据是选择、安装、使用和修理（包括重新绕制绕组）三相交流异步电动机的重要依据。铭牌的主要内容如表 1-1-2 所示。

表 1-1-2　三相交流异步电动机的铭牌数据

三相交流异步电动机						
型号	Y180M-4	功率	18.5 kW	电压	380 V
电流	35.9 A	频率	50 Hz	转速	1 470 r/min
接法	△	工作方式	连续	外壳防护等级	IP44
产品编号	××××××	重量	180 kg	绝缘等级	B 级
××电机厂			××××年××月		

1. 型号

型号是电动机类型、规格和用途等的代号，一般由大写字母和数字等组成。

国产中、小型三相交流异步电动机的型号系列为 Y 系列，是按国际电工委员会 IEC 标准设计生产的三相异步电动机，它是以电机中心高度为依据编制型号谱的，中、小型三相异步电动机的机座号与定子铁芯外径及中心高度的关系可以通过电机手册来查寻。例如：

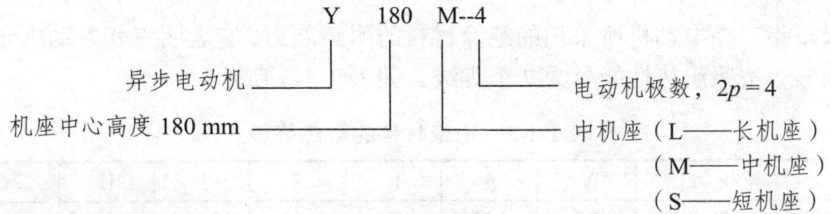

2. 额定电压

额定电压是指接到电动机定子绕组上的线电压，用 U_N 表示，单位为伏特（V）。国内电源电压有 10 kV、6 kV、3 kV、380 V、220 V 等。中、小型三相电动机要求所接的电源电压值的变动一般不应超过额定电压的 ±5%。电压过高，电动机容易烧毁；电压过低，电动机难以启动，即使启动后电动机也可能带不动负载，容易烧坏。

3. 额定功率

额定功率是指三相交流异步电动机在额定电压、额定电流和额定负载的条件下运行时其转子轴上所输出的机械功率，用 P_N 表示，以千瓦（kW）或瓦（W）为单位。通常使负载处于 (75% ~ 100%)P_N 时电动机的效率和功率因数较高。如果电动机实际输出功率 P 远远小于额定功率 P_N 时，电动机的效率和功率因数均较低，这时电动机处于"大马拉小车"状态，是不合理的运行方式。相反，电动机实际输出功率 P 远远大于额定功率 P_N 时，电动机处于过载运行，相当于"小马拉大车"状态，电动机绕组严重过热，会因温升过高被烧毁，这种情况称之为"过载"。

4. 额定电流

额定电流是指三相电动机在额定电源电压下,输出额定功率时,流入定子绕组的线电流,用 I_N 表示,以安培(A)为单位。若超过额定电流过载运行,三相电动机就会过热乃至烧毁。

三相异步电动机的额定功率与其他额定数据之间有如下关系式:

$$P_N = \sqrt{3} U_N I_N \cos\varphi_N \eta_N$$

式中,$\cos\varphi_N$ 为额定功率因数;η_N 为额定效率,即三相异步电动机额定运行时输出的机械功率与输入电功率的比值。

5. 额定频率

额定频率是指电动机所接的交流电源每秒钟内周期变化的次数,用 f_N 表示,单位是 Hz。我国规定标准电源频率为 50 Hz,国外也有 60 Hz。

6. 额定转速

额定转速表示三相交流异步电动机在额定工作情况下运行时每分钟的旋转次数,用 n_N 表示,单位是 r/min,一般是略小于对应的同步转速 n_1。例如,$n_1 = 1\,500$ r/min,则 $n_N = 1\,440$ r/min。

额定转矩 T_N、额定功率 P_N 和额定转速 n_N 之间有以下的关系式:

$$T_N = 9.55 \frac{P_N}{n_N}$$

7. 绝缘等级

绝缘等级是指三相电动机所采用的绝缘材料的耐热能力,它表明三相电动机允许的最高工作温度。绝缘等级按照耐热性能分为 7 个等级,如表 1-1-3 所示。

表 1-1-3 绝缘材料的耐热等级

绝缘等级	Y	A	E	B	F	H	C
最高允许温度/°C	90	105	120	130	155	180	>180

采用哪种绝缘等级的材料,取决于电动机的最高允许温度,最高允许温度可以查电机手册获得,它与环境温度密切相关。例如,环境温度为 40 °C,电动机的温度为 90 °C,则最高允许温度为 130 °C,这就需要采用 B 级的绝缘材料。

8. 定额

三相交流异步电动机的定额是指三相交流异步电动机的运转状态,即允许连续使用的时间,有时也称为电机的工作方式,分为连续、短时、周期断续三种。

(1)连续(S1)

连续工作状态是指电动机带额定负载运行很长时间时,电动机的温升不超过允许温度的工作方式。

(2)短时(S2)

短时工作状态是指电动机带额定负载运行时,运行时间很短,使电动机的温升达不到最高允许温升;超过规定的时间,电动机的温升可能会超过允许值。

标准的短时工作时间为 10 min、30 min、60 min、90 min 四种。

(3) 周期断续（S3）

周期断续工作状态是指电动机带额定负载运行时，运行时间很短，使电动机的温升不会超过允许温升，工作周期小于 10 min 的工作方式。一般用持续率（FC%）来反映周期断续工作状态中电机持续工作的时间，持续率用百分比表示，即电动机工作时间占工作周期的百分比。

$$FC\% = \frac{工作时间}{工作时间+停止时间} \times 100\%$$

标准持续率为 15%、25%、40%、60%，周期为 10 min。如无特别标明，则按 25% 运行。

9. 接法

三相电动机定子绕组的连接方法有星形（Y）和三角形（△）两种。定子绕组的连接只能按规定方法连接，不能任意改变接法，否则会损坏三相电动机。

10. 防护等级

防护等级表示三相电动机外壳的防护等级，其中 IP 是防护等级标志符号，其后面的两位数字分别表示电机防固体和水进入的能力。数字越大，防护能力越强。例如，IP44 中第一位数字"4"表示电机能防止直径或厚度大于 1 mm 的固体进入电机内壳；第二位数字"4"表示能承受任何方向的溅水。

三、三相交流异步电动机的拆卸与装配

1. 三相交流异步电动机的拆卸

（1）常用的工具

拆卸三相交流异步电动机的常用工具主要包括：外圆卡圈钳、内圆卡圈钳、自制扳手、木榔头、铁榔头、拉拔器、汽油喷灯等，如图 1-1-5 所示。

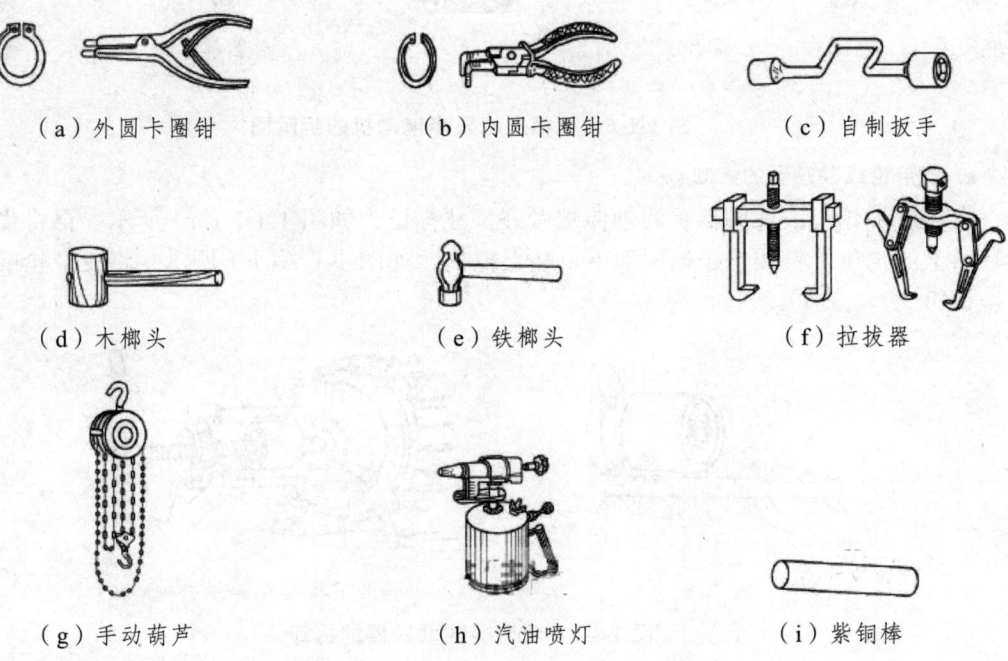

(a) 外圆卡圈钳　　(b) 内圆卡圈钳　　(c) 自制扳手

(d) 木榔头　　(e) 铁榔头　　(f) 拉拔器

(g) 手动葫芦　　(h) 汽油喷灯　　(i) 紫铜棒

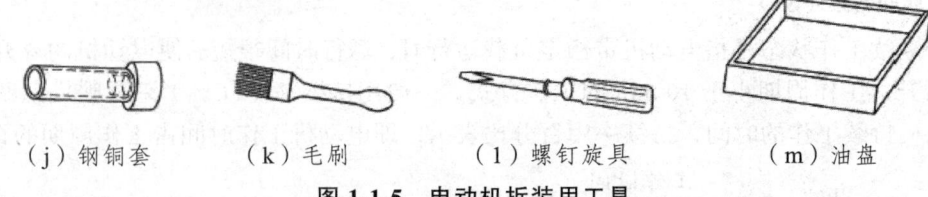

(j) 钢铜套　　　(k) 毛刷　　　(l) 螺钉旋具　　　(m) 油盘

图 1-1-5　电动机拆装用工具

（2）拆卸前的准备工作

① 用压缩空气吹净电动机表面的灰尘，并将电动机表面污垢擦拭干净。
② 清理施工现场环境。
③ 熟悉电动机的结构特点和检修技术要求。
④ 准备好拆卸电动机的工具和设备。
⑤ 拆除电动机外部接线，并做好记录。

（3）拆卸步骤

图 1-1-6 所示是三相交流异步电动机的拆解图。

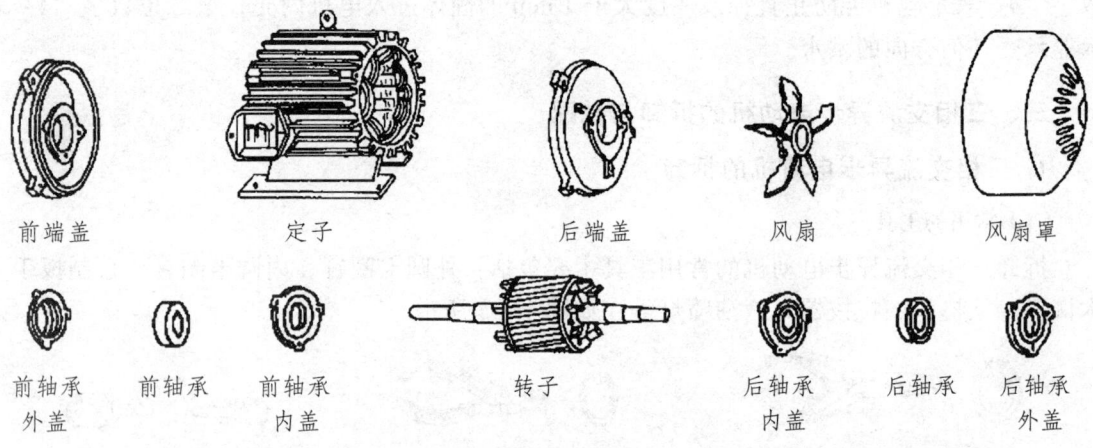

前端盖　　定子　　后端盖　　风扇　　风扇罩

前轴承　前轴承　前轴承　　转子　　后轴承　后轴承　后轴承
外盖　　内盖　　　　　　　　　　　内盖　　　　　外盖

图 1-1-6　三相交流异步电动机的拆解图

a. 皮带轮或联轴器的拆卸

先在皮带轮（或联轴器）的轴伸端做好尺寸标记，如图 1-1-7（a）所示，再将皮带轮或联轴器上的定位螺钉或销子松脱取下，装上拉具，如图 1-1-7（b）所示，将皮带轮或联轴器慢慢拉出。

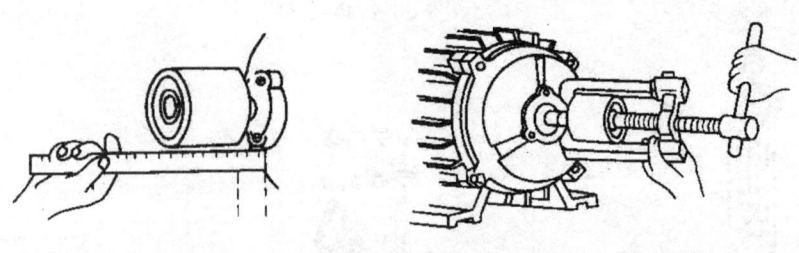

（a）皮带轮位置的标记　　　　（b）用拉具拉卸皮带轮

图 1-1-7　皮带轮或联轴器的拆卸

b. 风罩和风扇叶的拆卸

卸下风罩螺钉，即可取下风罩，松开风扇锁紧螺钉，用木榔头在风扇四周轻轻敲打，使风扇松脱下来。

c. 轴承盖和端盖的拆卸

先将轴承外盖螺栓松下，拆下轴承外盖。为便于装配时复位，应先在端盖与机座接缝处的任一位置做好标记，再松开端盖的紧固螺栓，随后用榔头均匀敲打端盖四周（敲打衬以垫木），把端盖取下。一般是先取后端盖再取前端盖。

d. 转子的拆卸

小型电动机的转子可以连同后端盖一起取出，抽出转子时应小心缓慢，要注意不可歪斜，防止碰伤定子绕组。对于大、中型电动机，转子较重，要用起重设备将转子吊出。

2. 三相交流异步电动机的装配

三相交流异步电动机拆卸完成后，逐一对各部件进行清洗，清洗完成之后按拆卸的逆顺序进行装配。装配时，应将各部件按照拆卸时所做的标记复位。步骤如下：

① 后端盖的安装。将轴伸端朝下垂直放置，在其端面上垫上木板，将后端盖套在后轴承上，用木榔头敲打。把后端盖敲进去后，装轴承外盖，紧固内外轴承盖的螺栓时要同步拧紧，不能先拧紧一个，再拧紧另一个。

② 转子的安装。把转子对准定子孔中心，小心地往里送，后端盖要对准与机座的标记，旋上后端盖螺栓，但不要拧紧。

③ 前端盖的安装。将前端盖对准与机座的标记，用木锤均匀敲击端盖四周，不可单边着力，并拧上端盖的紧固螺栓。拧紧前、后端盖的紧固螺栓时，也要四边着力，要按对角线上下左右逐步拧紧；然后再装前轴承外端盖，先在外轴承盖孔内插入一根螺栓，一手顶住螺栓，另一手缓慢转动转轴，轴承内盖也随之转动，当手感觉到轴承内、外盖螺孔对齐时，就可以将螺栓拧入内轴承盖的螺孔内，再装另外两根螺栓，此螺栓也应逐步拧紧。

④ 安装风扇叶和风罩。

【思考与提高】

一、填空题

1. 把_____能变换为_____能的电机称为电动机。
2. 三相异步电动机主要由定子和转子两大部分组成。定子是固定部分，用来产生_____；转子是转动部分，又分_____和_____两种，用来_____。

二、选择题

1. 某台鼠笼式三相异步电动机的额定电压为 220/380 V，若采用星形-三角形换接降压启动，则启动时每相定子绕组的电压是（   ）。
   A. 110 V   B. 127 V   C. 220 V
2. 三相异步电动机的额定电压是电动机绕组上的（   ）。
   A. 线电压   B. 相电压   C. 开路电压
3. 三相异步电动机运行时，输出功率的大小取决于（   ）。
   A. 定子电流大小   B. 电源电压高低   C. 轴上阻力转矩大小

三、分析问答题

1. 三相交流异步电动机有哪些特点？
2. 三相交流异步电动机按转子结构分为哪两种？
3. 电网电压太低或太高，都易使三相异步电动机的定子绕组过热而烧毁，这是为什么？

【技能训练】

1. 训练任务

对一台小型三相交流异步电动机的内部进行清洗，写出工艺要点。

2. 训练目的

① 熟悉三相交流异步电动机的结构。
② 熟悉三相交流异步电动机的拆装步骤及方法。

3. 训练内容及结果

步骤	内容	工艺要求
1	拆装前的准备工作	拆卸所做记号： ① 联轴器或皮带轮与轴台的距离 ② 端盖与机座记号 ③ 前、后轴承记号的形状
2	拆装顺序	①_____ ②_____ ③_____ ④_____ ⑤_____ ⑥_____ ⑦_____ ⑧_____
3	拆卸皮带轮或联轴器	工艺要点：
4	拆卸端盖	工艺要点：
5	拆卸轴承	工艺要点：
6	装配	工艺要点：

4. 训练过程

明确任务要求→设计清洗步骤→准备实训设备及器材→进行拆卸训练→进行清洗→进行装配。

注意：① 所选工具要合适，不合适的工具容易损坏电动机的组件；② 拆卸轴承及端盖的安装螺钉时，应先逐一松开少许，并采用对角轮流进行的方式进行拆卸；③ 某个螺钉因生锈而不易拧动时，可先在螺钉处点上一些机油或者煤油，过一段时间后再用扳手拧动；④ 在转子未抽出的情况下拆除端盖时，应注意防止端盖掉下时砸伤轴身；⑤ 应在拆卸时做出必要的标记以利于回复原状；⑥ 要保持场地清洁。

任务 2 三相交流异步电动机的检测

对三相异步电动机进行拆装后，必须检测其装配质量。检测的内容一般包括绕组同铭端、直流电阻、绝缘电阻、空载电流等性能指标。检测的目的是判别电动机质量的好坏。在对电动机进行检测前，应首先熟悉三相交流异步电动机的工作原理等相关的知识。

【学习目标】

1. 规范与标准

了解相关行业及国家规范与标准。重点是《电机手册》、《国家电气设备安全技术规范》GB 19517—2004、《用电安全导则》GBT 13869—92。

2. 知识目标

了解三相交流异步电动机的工作原理及运行特性。

3. 技能目标

能按照相关行业及国家规范与标准对小型三相笼型异步电动机进行相关检测，判别电动机的质量并规范编写三相笼型异步电动机的检测记录等技术文件。

【相关知识】

一、三相交流异步电动机的工作原理

三相交流异步电动机之所以会旋转，实现机电能量的转换，是因为三相交流电流通入定子绕组后，在定、转子之间的气隙内建立了一个以同步转速 n_1 旋转的旋转磁场，其转速为：

$$n_1 = \frac{60f}{p}$$

式中，f 为定子交流电流的频率，单位为赫兹（Hz）；p 为旋转磁场的磁极对数；n_1 为旋转磁场的转速，亦称同步转速，其单位符号通常采用 r/min。

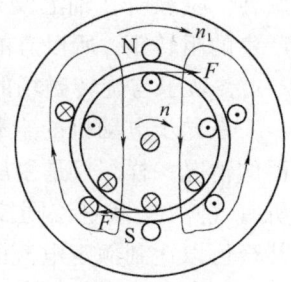

图 1-2-1 三相电动机的转动原理

旋转磁场的磁力线被转子导体切割，根据电磁感应原理，转子导体产生感应电动势。转子绕组是闭合的，则转子导体有电流流过。设旋转磁场按顺时针方向旋转，且在某时刻上为北极 N、下为南极 S，如图 1-2-1 所示。根据右手定则，在上半部，转子导体的电动势和电流方向由里向外，用⊙表示；在下半部则由外向里，用⊕表示。

流过电流的转子导体在磁场中要受到电磁力的作用，所受电磁力 F 的方向可用左手定则确定。电磁力作用于转子导体上，对转轴形成电磁转矩，使转子按照旋转磁场的方向旋转起来，转速为 n。如果转子与生产机械相连，则转子上产生的电磁转矩将克服负载转矩而做功，从而实现机电能量的转换，这就是三相交流异步电动机的转动原理。

一般情况下，三相电动机的转子转速 n 始终不会加速到旋转磁场的转速 n_1。因为如果 $n = n_1$，转子绕组与旋转磁场同步、同向旋转呈相对静止状态，转子导体的电动势和电流即会

为零，电磁转矩必然随之消失。只有当 n 和 n_1 保持适量差值，转子绕组与旋转磁场之间才会存在相对运动，即转子绕组导体才会切割磁力线，而切割磁力线才能使转子绕组导体中产生感应电动势和电流，从而产生电磁转矩，使转子按照旋转磁场的方向继续旋转。由此可见，三相交流异步电动机的转速 n 总是略小于同步转速 n_1，$n_1 \neq n$ 且 $n < n_1$，是异步电动机工作的必要条件，"异步"的名称正是由此而来。s 表示旋转磁场转速 n_1 与转子转速 n 之差，称为"转差率"，$s = \dfrac{n_1 - n}{n_1} \times 100\%$。

根据三相交流异步电动机的结构及其工作原理可知：

① 在电动机完好的情况下，只要在定子绕组中接通相应的三相交流电源，电动机的转子便会旋转。

② 在电动机启动的最初一段时间里，由于导体切割磁场的速度较快，感应电流相对而言很大。

③ 电动机转速的高低与外加电压的高低有一定的关系。

④ 改变电动机外加三相交流电源的相序，电动机转子的转向就会发生改变。

⑤ 由于电动机的转子有一定的惯性，因此，在切断电源后，电动机转轴的速度会逐渐下降，须经一段时间，转子转速才逐渐降低最终停止下来。

二、三相异步电动机的运行原理

三相异步电动机与变压器相似，定子与转子之间是通过电磁感应联系的。定子相当于变压器的一次绕组，转子相当于二次绕组。

1. 三相交流异步电动机的空载运行

当三相交流异步电动机的定子绕组接到对称三相电源上时，定子绕组中就流过对称的三相交流电流，对称的三相交流电流将在气隙内形成按正弦规律分布的磁场，并以同步转速 n_1 旋转。空载时，轴上没有任何机械负载，异步电动机所产生的电磁转矩仅克服了摩擦、风阻产生的阻转矩，所以总的阻转矩是很小的。电机所受阻转矩很小，则其转速接近同步转速，$n \approx n_1$，转子与旋转磁场的相对转速就接近零，即 $n_1 - n \approx 0$。

在异步电动机的空载运行中，若外加电压一定，主磁通 Φ_m 大体上也为一定值，这和变压器的情况一样，只是变压器无气隙，空载电流很小，仅为额定电流的 2%~10%；而异步电动机有气隙，空载电流则较大，在中、小型异步电机中，空载电流一般为额定电流的 20%~50%，甚至可以达到额定电流的 60%。

2. 三相交流异步电动机的负载运行

负载运行时，电动机所产生的电磁转矩不仅要克服摩擦、风阻产生的阻转矩，还要克服负载所带来的阻转矩，即负载转矩。负载运行时，电动机将以低于同步转速 n_1 的速度 n 旋转，其转向仍与气隙旋转磁场的转向相同。因此，气隙磁场与转子的相对转速为 $\Delta n = n_1 - n = sn_1$，$\Delta n$ 也就是气隙旋转磁场切割转子绕组的速度，于是在转子绕组中就感应出电动势，产生电流。

图 1-2-2 所示是异步电动机的定、转子等效电路图，由该图可列出定子绕组电路的电动势平衡方程式为：

$$\dot{U}_1 = -\dot{E}_1 + \dot{I}_1 R_1 + \mathrm{j}\dot{I}_1 X_{1\sigma} = -\dot{E}_1 + \dot{I}_1(R_1 + \mathrm{j}X_{1\sigma})$$

转子绕组电路的电动势平衡方程式为：

$$\dot{E}_{2s} = \dot{I}_{2s}(R_2 + \mathrm{j}X_{2s}) = \dot{I}_{2s} Z_{2s}$$

式中：Z_{2s} 为转子绕组在转差率为 s 时的漏阻抗，$Z_{2s} = R_2 + \mathrm{j}X_{2s}$。

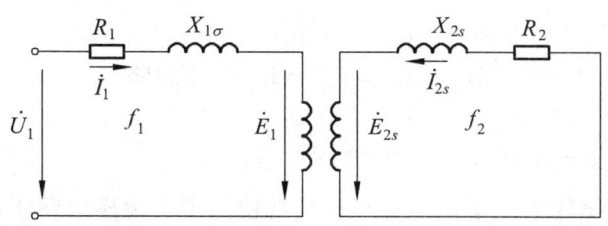

图 1-2-2　负载运行时异步电动机的定、转子绕组电路

3. 三相异步电动机的等效电路

异步电动机定、转子之间没有电路上的联系，只有磁路上的联系，不便于实际工作的计算，所以必须像变压器那样进行等效电路的分析。为了能将转子电路与定子电路作直接的电的连接，等效要在不改变定子绕组的物理量（定子的电动势、电流及功率因数等）而且转子对定子的影响不变的原则下进行，即将转子电路折算到定子侧时要保证折算前后 F_2 不变，以保证磁动势平衡不变和折算前后各功率不变。为了得到异步电动机的等效电路，除了进行转子绕组的折算外，还需要进行转子频率的折算。

根据折算前后各物理量的关系，可以作出折算后的 T 形等效电路，如图 1-2-3 所示。

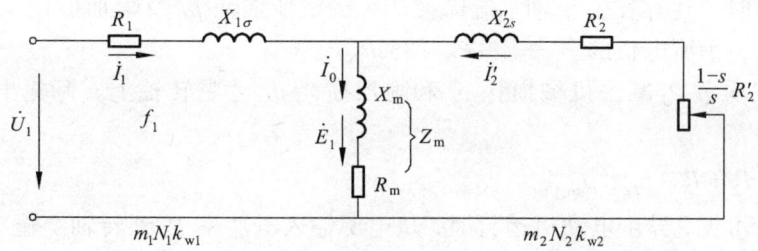

图 1-2-3　三相异步电动机的 T 形等效电路

从三相交流异步电动机的 T 形等效电路可以看出：

① 当空载运行时，$n \to n_1$，$s \to 0$，$\dfrac{1-s}{s}R'_2 \to \infty$，由图 1-2-3 可见，相当于转子开路 ($\dot{I}'_2 \approx 0$)。

② 转子堵转时（接上电源转子被堵住转不动时），$n = 0$，$s = 1$，$\dfrac{1-s}{s}R'_2 = 0$，相当于变压器二次侧短路情况。因此，在异步电动机启动初始接上电源时，就相当于短路状态，会使电动机产生很大电流，很快过热而烧毁电动机，这在电机实验及使用电动机时应多加注意。

三、三相交流异步电动机的工作特性

1. 功率和电磁转矩

(1) 功率平衡方程式

异步电动机的功率关系可用 T 形等效电路图来分析。异步电动机通电运行时，T 形等效电路中每个电阻上均产生一定损耗，例如：

定子电阻 R_1 产生定子铜损耗　　　$p_{Cu1} = 3I_1^2 R_1$

励磁电阻 R_m 产生定子铁损耗　　　$p_{Fe} = p_{Fe1} = 3I_m^2 R_m$ （忽略 p_{Fe2}）

转子电阻产生转子铜损耗　　　　　$p_{Cu2} = 3I_2'^2 R_2'$

从而可得三相异步电动机运行时的功率关系如下：

① 电源输入电功率除去定子铜损耗和铁损耗便是定子传递给转子回路的电磁功率，即

$$P_e = P_1 - p_{Cu1} - p_{Fe}$$

② 电磁功率又等于转子回路等效电路上全部电阻的损耗，即

$$P_e = 3I_2'^2 \left[R_2' + \frac{(1-s)}{s} R_2' \right] = 3I_2'^2 \frac{R_2'}{s}$$

电磁功率除去转子绕组上的损耗，就是等效负载电阻 $\frac{1-s}{s} R_2'$ 上的损耗，这部分等效损耗实际上是传输给电动机转轴上的机械功率，用 P_J 表示，它是转子绕组中电流与气隙旋转磁场共同作用产生的电磁转矩带动转子以转速 n 旋转所对应的功率，即

$$P_J = P_e - p_{Cu2} = 3I_2'^2 \frac{1-s}{s} R_2' = (1-s) P_e$$

电动机运行时，还存在由于轴承等摩擦产生的机械损耗 p_Ω 及附加损耗 p_{ad}。大型电机中 p_{ad} 约为 $0.5\% P_N$，小型电机的 $p_{ad} = 1\% P_N \sim 3\% P_N$。

转子的机械功率 P_J 减去机械损耗 p_Ω 和附加损耗 p_{ad} 才是转轴上实际输出的功率，用 P_2 表示，即

$$P_2 = P_J - p_\Omega - p_{ad}$$

由上述分析可见，异步电动机运行时，从电源输入电功率 P_1 到转轴上输出机械功率的全过程为

$$P_2 = P_1 - (p_{Cu1} + p_{Fe} + p_{Cu2} + p_\Omega + p_{ad}) = P_1 - \sum p$$

三相异步电动机的功率关系可用图 1-2-4 来表示。从以上功率关系的定量分析可以看出，异步电动机运行时电磁功率 P_e、转子损耗 p_{Cu2} 和机械功率 P_J 三者之间的定量关系是

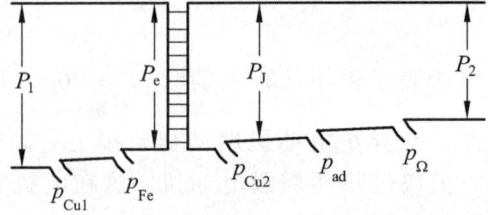

图 1-2-4　异步电动机的功率流程图

$$P_e : p_{Cu2} : P_J = 1 : s : (1-s)$$

上式表明，当电磁功率一定，转差率 s 越小，转子铜损耗越小，机械功率越大，效率越高。电动机运行时，若 s 增大，转子铜耗也增大，电机易发热，效率降低。

（2）转矩平衡方程式

机械功率 P_J 除以轴的角速度 Ω 就是电磁转矩（用 T_e 表示），即

$$T_e = \frac{P_J}{\Omega}$$

转矩平衡方程式为

$$T_2 = T_e - T_0$$

式中，T_0 为空载转矩；T_2 为输出转矩。

在电力拖动系统中，常可忽略 T_0，则有

$$T_e \approx T_2 = T_L = c_m \Phi_m I_2 \cos\varphi_2$$

式中，T_L 为负载转矩；c_m 为电动机的转矩常数，与电动机的结构有关；Φ_m 为电动机的每极磁通。

从某种意义上讲，$T_L = T_e$，电动机匀速旋转；$T_L < T_e$，电动机转速上升；$T_L > T_e$，电动机转速下降。

2. 三相异步电动机的工作特性分析

异步电动机的工作特性是指定子的电压及频率为额定时，电动机的转速 n、定子电流 I_1、功率因数 $\cos\varphi_1$、电磁转矩 T_e、效率 η 等与输出功率 P_2 的关系曲线。

上述关系曲线可以通过直接给异步电动机带负载测得，也可以利用等效电路参数计算得出。图 1-2-5 所示为三相异步电动机的工作特性曲线。

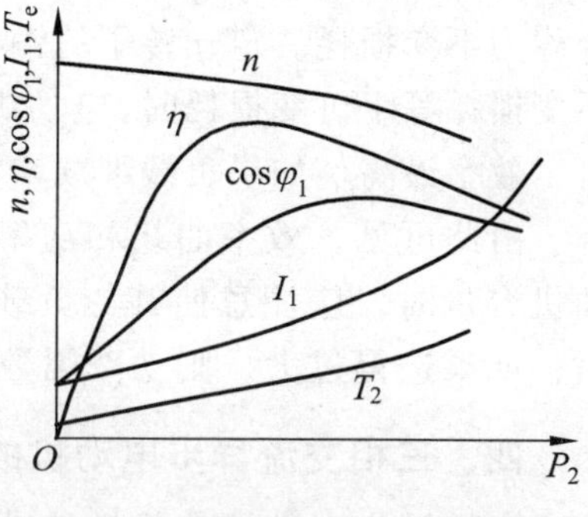

图 1-2-5 异步电动机工作特性曲线

（1）转速特性 $n = f(P_2)$

三相异步电动机空载运行时，转子的转速 n 接近于同步转速 n_1。随着负载的增加，转速 n 要略微降低，这时转子电动势 $E_{2s} = sE_2$ 增大（其中 E_2 为电动机稳定运行时转子感应电动势的最大值，也称为堵转电动势），从而使转子电流 I_{2s} 增大，以产生较大的电磁转矩来平衡负载转矩。因此，随着 P_2 的增加，转子转速 n 下降，转差率 s 增大。

（2）转矩特性 $T_e = f(P_2)$

空载时 $P_2 = 0$，电磁转矩 T_e 等于空载制动转矩 T_0。随着 P_2 的增加，已知 $T_2 = \frac{9.55 P_2}{n}$，如 n 基本不变，则 T_2 为过原点的直线。考虑到 P_2 增加时，n 稍有降低，故 $T_2 = f(P_2)$ 随着 P_2 增加略向上偏离直线。在公式 $T_e = T_0 + T_2$ 中，T_0 之值很小，而且认为它是与 P_2 无关的常数。所以 $T_e = f(P_2)$ 曲线将比 $T_2 = f(P_2)$ 曲线平行上移 T_0 数值。

(3) 定子电流特性 $I_1=f(P_2)$

当电动机空载时,转子电流 I_2' 近似为零,定子电流等于励磁电流 I_0。随着负载的增加,转速下降(s 增大),转子电流增大,定子电流也增大。当 $P_2 > P_N$ 时,由于此时 $\cos\varphi_2$ 降低,I_1 增长更快些。

(4) 功率因数特性 $\cos\varphi_1 = f(P_2)$

三相异步电动机运行时,必须从电网中吸取感性无功功率,它的功率因数总是滞后的,且永远小于 1。电动机空载时,定子电流基本上只有励磁电流,功率因数很低,一般不超过 0.2。当负载增加时,定子电流中的有功电流增加,使功率因数提高。接近额定负载时,功率因数也达到最高值。超过额定负载时,由于转速降低较多,转差率增大,使转子电流与电动势之间的相位角 φ_2 增大,转子的功率因数下降较多,引起定子电流中的无功电流分量也增大,因而电动机的功率因数 $\cos\varphi_1$ 趋于下降。

(5) 效率特性 $\eta = f(P_2)$

根据

$$\eta = \frac{P_2}{P_1} = 1 - \frac{\sum p}{P_2 + \sum p}$$

可知,电动机空载时 $P_2 = 0$,$\eta = 0$。随着输出功率 P_2 的增加,效率 η 也增加。在正常运行范围内,因主磁通变化很小,所以铁损耗变化不大,机械损耗变化也很小,铁损耗和机械损耗合称为不变损耗。定、转子的铜损耗与电流平方成正比,它随负载变化,称为可变损耗。当不变损耗等于可变损耗时,电动机的效率达到最大。对于中、小型异步电动机,$P_2 = (0.75 \sim 1)P_N$ 时,效率最高。如果负载继续增大,效率反而降低。

由此可见,效率曲线和功率因数曲线都是在额定负载附近达到最高,因此,在选用电动机容量时,应注意使其与负载相匹配。如果选得过小,电动机长期过载运行会影响其寿命;如果选得过大,则功率因数和效率都很低,浪费能源。

四、三相交流异步电动机的机械特性

三相异步电动机的机械特性是指在定子电压、频率和参数固定的条件下,电磁转矩 T_e 与转速 n(或转差率 s)之间的函数关系。

机械特性的参数表达式为

$$T_e = \frac{3pU_1^2 \dfrac{R_2'}{s}}{2\pi f_1\left[\left(R_1 + \dfrac{R_2'}{s}\right)^2 + (X_{1\sigma} + X_2')^2\right]}$$

该参数表达式画成曲线便为 T-s 曲线。

有了机械特性的表达式,我们就可以作出相应的机械特性曲线。根据使用条件不同,机械特性又可以分为固有机械特性和人为机械特性。

1. 固有机械特性

三相异步电动机在电压、频率均为额定值不变,定、转子回路不串入任何电气元件时

的机械特性，称为三相异步电动机的固有机械特性，如图 1-2-6 所示。

从图 1-2-6 可知，三相异步电动机的固有机械特性不是一条直线，它具有以下特点：

① 在 $0 \leq s \leq 1$，即 $0 \leq n \leq n_1$ 的范围内，特性在第Ⅰ象限，电磁转矩 T_e 和转速 n 都为正，如图 1-2-6 中曲线 1 的右半部分所示。电动机工作在这一范围内是电动状态，这也是我们分析的重点。

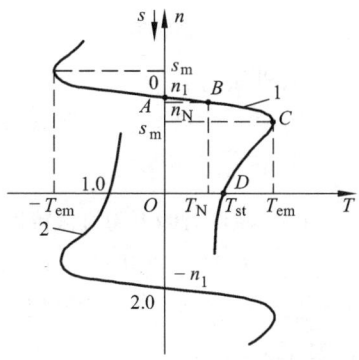

图 1-2-6　固有机械特性曲线

② 在 $s < 0$ 范围内，$n > n_1$，特性在第Ⅱ象限，电磁转矩为负值，是制动性转矩，电磁功率也是负值，是发电状态，如图 1-2-6 中曲线 1 的左半部分所示。机械特性在 $s < 0$ 和 $s > 0$ 两个范围内近似对称。

③ 在 $s > 1$ 范围内，$n < 0$，特性在第Ⅳ象限，$T_e > 0$，也是一种制动状态，如图 1-2-6 中曲线 2 的右半部分所示。

在第Ⅰ象限电动状态的特性曲线上，B 点为额定运行点，其电磁转矩与转速均为额定值；A 点（$T_e = 0$）为理想空载运行点；C 点是电磁转矩最大点；D 点（$n = 0$）转矩为 T_{st}，是电动机启动点。

④ 正、负最大电磁转矩可以通过参数表达式求得，最大电磁转矩对应的转差率称为临界转差率。

$$T_{em} = \pm \frac{1}{2} \times \frac{3pU_1^2}{2\pi f_1 \left[\pm R_1 + \sqrt{R_1^2 + (X_{1\sigma} + X_2')^2} \right]}$$

$$s_m = \pm \frac{R_2'}{\sqrt{R_1^2 + (X_{1\sigma} + X_2')^2}}$$

$$T_{em} = \pm \frac{1}{2} \times \frac{3pU_1^2}{2\pi f_1 (X_{1\sigma} + X_2')}$$

$$s_m = \pm \frac{R_2'}{(X_{1\sigma} + X_2')}$$

⑤ 过载倍数 λ 与启动转矩倍数。最大电磁转矩与额定电磁转矩的比值即最大转矩倍数，又称为过载能力，用 λ（或 k_m）表示，$\lambda = T_{em} / T_N$。

启动转矩

$$T_{st} = \frac{3pU_1^2 R_2'}{2\pi f_1 \left[(R_1 + R_2')^2 + (X_{1\sigma} + X_2')^2 \right]}$$

启动转矩与额定转矩的比值称为启动转矩倍数，用 k_{st} 表示，即

$$k_{st} = T_{st} / T_N$$

⑥ 从三相异步电动机的机械特性上看，当 $0 < s < s_m$ 时，机械特性下斜，拖动恒转矩负载和泵类负载运行时均能稳定运行；当 $s_m < s < 1$，机械特性上翘，拖动恒转矩负载不能稳定运行；拖动泵类负载时，满足条件即可以稳定运行，但是转速低，转差率大，不能长期运行。

2. 人为机械特性

从机械特性表达式上可以看出，可通过改变一些参数使得特性曲线得到改变，以满足用户的需要，这就是人为机械特性曲线。例如降低定子端电压、定子回路串入三相对称电阻、改变定子电源频率等。

（1）减压时的人为机械特性

由于设计电动机时，在额定电压下磁路已经饱和，故一般只能得到降压时的人为机械特性，最大转矩 T_{em} 及启动转矩 T_{st} 与 U_1^2 成正比，s_m 与 n_1 和 U_1 无关，此时的人为机械特性曲线如图 1-2-7 所示。

应当指出，如果负载转矩接近额定值，降低电源电压对电动机的运行是极为不利的。若电机长期低压运行，会使电动机过热甚至烧毁。

（2）定子回路串接三相对称电阻时的人为机械特性

当其他量不变，仅在异步电动机的定子回路中串接三相对称电阻时的人为机械特性见图 1-2-8。该情况一般用于笼型异步电动机的降压启动，以限制启动电流。

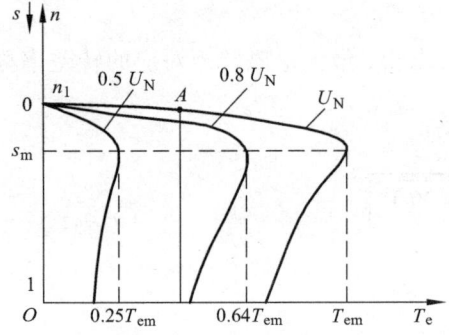

图 1-2-7　减压时的人为机械特性

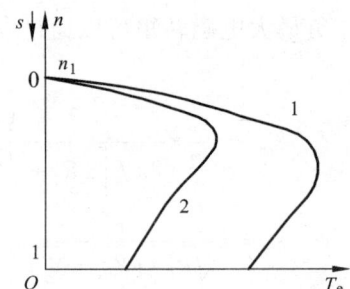

图 1-2-8　异步电动机定子回路串接电阻时的人为机械特性
1—串电阻前；2—串电阻后

五、三相交流异步电动机的测量

在对三相交流异步电动机的工作原理及特性了解后，我们可以对三相交流异步电动机的质量进行检测。

重新装配的电动机需要进行下述相关内容的检测：

① 检查所有紧固件是否拧紧；转子转动是否灵活，轴伸段是否有径向偏转。当转子转动比较沉重，可用紫铜棒轻敲端盖，同时调整端盖紧固螺钉的松紧程度，使转子转动灵活。

② 检查电动机定子绕组同铭端，检查电动机的绝缘电阻值，用兆欧表测量电动机定子绕组相与相之间、相对地之间的绝缘电阻。

③ 经上述检查合格后，根据电动机的铭牌数据正确接线，并在电动机外壳上接上地线，用钳形电流表分别检测三相电流是否平衡。

④ 通上电源后让电动机空载运行 30 min，检查机壳及轴承温度，注意观察振动和噪声。

1. 定子绕组的同铭端测试

当电动机绕组各相引出线标志脱落时，必须判明哪两根引出线属于同一相，哪是首端，哪是末（尾）端，这是对电动机定子绕组进行正确接线的前提。判定异步电动机首、末（尾）端有多种方法。利用万用表判断电动机定子绕组首、尾端的方法比较简单，步骤如下：

① 首先判断三相交流电动机定子绕组的六根引出线哪两个为同相绕组，也就是分清三相绕组各相的两个线头。测同相绕组就是用万用表测端子间的电阻，若两个端子属于同一相绕组，其端子间有一近似为 0 的阻值；若两个端子不属于同一相绕组，其端子间阻值近似为 ∞。

② 对同相绕组进行假设编号，按图 1-2-9 所示电路接线。观察万用表（微安挡）指针摆的方向，合上开关瞬间，若指针摆向大于零的一边，则接电池正极的线头与万用表负极所接的线头为同铭端；如指针反向摆动，接电池正极的线头与万用表正极所接的线头为同铭端。

③ 再将电池和开关接另一相的两个线头，进行测试，就可以正确判别各相的首、尾端。

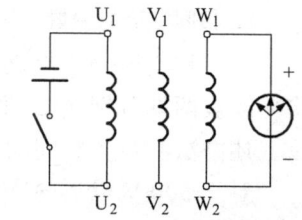

图 1-2-9 判断异步电动机绕组首、尾端

当正确判断出了电动机定子绕组的首、尾端后，就可以按照要求将绕组连接成星形接法或三角形接法。

2. 定子绕组绝缘的检测

在使用电气设备时，其绝缘程度的好坏与设备的正常运行有密切关系。绝缘程度的好坏可以用绝缘电阻的高低来衡量。由于设备受热、受潮等原因，会使绝缘电阻降低，甚至可能造成设备外壳带电和出现短路事故。所以在使用期间应定期做绝缘电阻的检查。如果一台电机长期没有使用，使用前也必须做绝缘电阻的检查。

绝缘电阻的检查不能使用普通的欧姆表（如万用表的电阻挡）进行，而应采用兆欧表（也称摇表）进行测量。兆欧表是专门用于测量高电阻，即绝缘电阻的仪表。

（1）兆欧表的使用

使用兆欧表时，应注意以下几个问题：

① 根据电气设备的电压等级选择兆欧表的规格。测量额定电压不足 500 V 的绕组的绝缘电阻（如额定电压 380 V 的电机）时，则应选择 500 V 兆欧表；而测定额定电压在 500～1 000 V 的电动机绕组的绝缘电阻时，则应选择 1 000 V 的兆欧表。

② 测量绝缘电阻前，必须切断电机的电源，并做兆欧表自检。自检的方法是先将兆欧表两端线开路，缓慢摇动兆欧表手柄，表针应指到正无穷处，再把兆欧表两端线迅速短接一下，表针应指到零处。如果不是这样，说明兆欧表自身有故障，必须检查修理后才能使用。

③ 测量绝缘电阻时，将兆欧表端钮 L、E 分别接到待测绝缘电阻处，如测量对地绝缘电阻，则应将 E 接地（如电机外壳）。

④ 兆欧表要平放，转动手柄的转速要均匀（120 r/min）。

（2）电机绝缘的测量

测量电机的绝缘电阻，一般有两项内容：一是测量相间绝缘，二是测量对地绝缘（机壳绝缘）。

a. 对地绝缘的测量

三相交流异步电动机的对地绝缘也称为绕组对机壳的绝缘。如图 1-2-10 所示,测量时,首先将三相绕组的三个尾端(U_2、V_2、W_2)连在一起,兆欧表 L 端子接任一绕组首端;E 端子接电动机外壳,然后以 120 r/min 的转速把兆欧表摇动 1 min 左右后,观察兆欧表的读数。

b. 相间绝缘的测量

将三相交流异步电动机绕组的尾端连接拆除,将兆欧表两端分别接 U_1 和 V_1、U_1 和 W_1、W_1 和 V_1,按上述办法测量各相间的绝缘电阻。

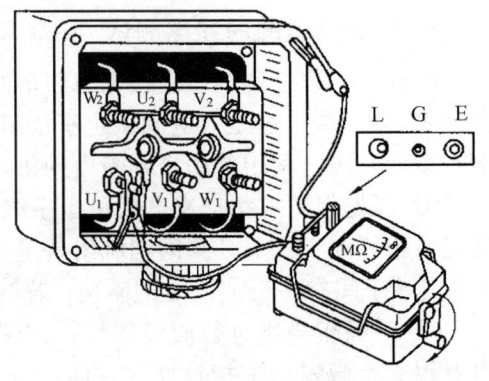

图 1-2-10 兆欧表测量电动机对地绝缘电阻

对于 500 V 以下的中、小型电机,绝缘电阻最低不得小于 0.5 MΩ,否则认为电动机的绝缘不合格。

3. 定子绕组直流电阻试验

可以通过直流电阻的测量,判断电动机绕组是否有短路和开路现象。

(1) 绕组短路的判别

由于电动机的每相绕组在没有通入电源时,相当于一段导体,所以电阻值非常小,一般用电桥测试电动机各项绕组的电阻值。下面以 QJ44 双臂型电桥为例,介绍测量绕组直流电阻的方法。

测量绕组直流电阻,可按图 1-2-11 所示进行连接。

① 安装好电池,外接电池时应注意正、负极。

② 接好被测电阻 R_x,应注意四条线的位置应按照图 1-2-12 所示连接。

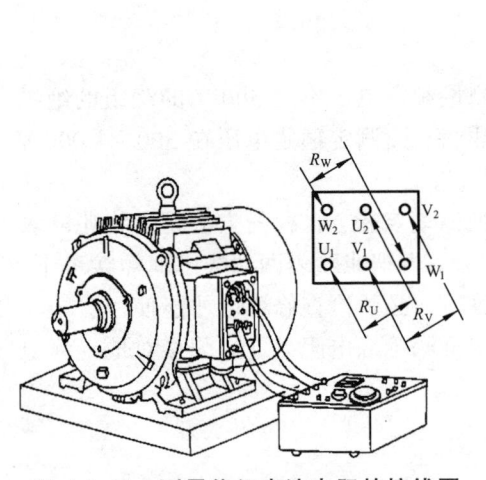

图 1-2-11 测量绕组直流电阻的接线图

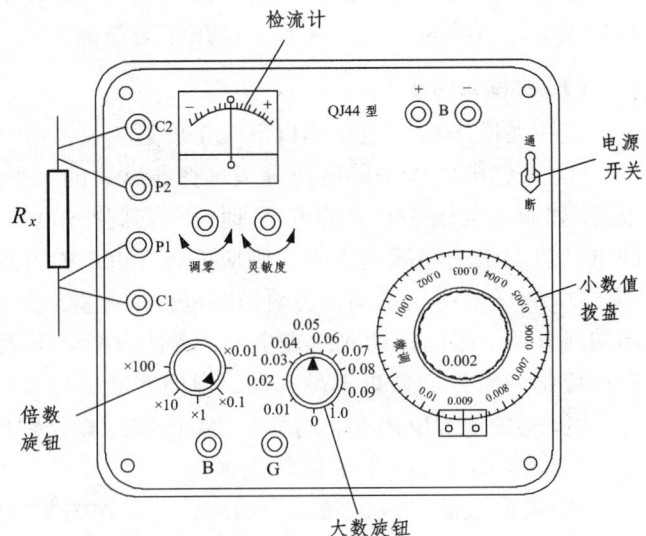

图 1-2-12 被测电阻接线图

③ 将电源开关拨向"通"的方向,接通电源。

④ 调整调零旋钮,使检流计的指针指在 0 位。一般测量时,将灵敏度旋钮调到较低的位置。

⑤ 按估计的被测电阻值预选倍数旋钮或大数旋钮,其倍率与被测值之间的关系见表1-2-1。

表 1-2-1　被测电阻值与倍率的关系

被测电阻范围/Ω	1~11	0.1~1.1	0.1~1.1	0.1~1.1	0.1~1.1
应选倍率（×）	100	10	1	0.1	0.01

⑥ 按下按钮B,再按下按钮G,先调大数旋钮,粗略调定数值范围,再调小数值拨盘,细调最终确定数值,使检流计指针指向零。

检流计指针指零后,先松开G,再松开B,测量结果为:

(大数旋钮所指数值 + 小数值拨盘所指数值)×倍数旋钮所指倍数

⑦ 测量完毕,将电源开关拨向"断",断开电源。

按照上述方法分别测量各相绕组的电阻值,所测各相电阻值之间的误差与三相平均值之比不得大于5%,即:

$$\frac{R_{\max} - R_{\min}}{R_{av}} \leq 5\%$$

如果超过此值,说明有短路现象。

（2）绕组开路的测量

可以直接利用万用表的欧姆挡进行测量。如果某相绕组的测量值为无穷大,则说明绕组开路。

4. 空载试验

利用空载试验的结果可以判定气隙和磁路的对称性。空载试验的接线图如1-2-13所示。

（1）测量方法

① 将电动机安装固定好。
② 安装好控制线路和安全保护装置。
③ 外加额定电压,接通电源,电动机空载运行。
④ 保持额定电压运行0.5~1 h,用电流表测量空载电流,利用功率表测量功率。
⑤ 观察电动机的运行情况,监听有无异常声音,铁芯是否过热,轴承的温升及运行、电动机的振动和噪声是否正常等。

（2）测量结果的判定

① 任何一相的空载电流（I）与三相空载电流的平均值（I_{av}）的偏差不得大于平均值（I_{av}）的10%,即:

$$\frac{I - I_{av}}{I_{av}} \leq 10\%$$

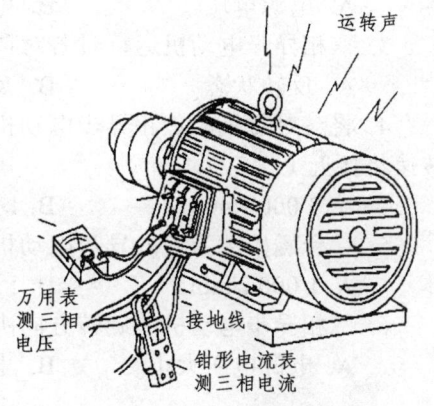

图 1-2-13　空载试验接线图

超过10%,说明气隙不均匀、磁路不对称。

② 与该电动机出厂时的相应值对比,电动机的空载电流不应超过10%、空载损耗不应超出20%。否则说明定子绕组的匝数及接线错误,铁芯质量受损。

5. 堵转试验

利用堵转试验,可以判别电动机的制造和装配质量。

（1）测试方法

将电动机的转子堵住不动，用调压器从零开始调压，逐步升高加在电动机的定子绕组上的电压，使定子绕组中流过的电流为额定值，这时调压器上的电压读数即为电动机堵转时的短路电压。

（2）测量结果的判定

当电动机的额定电压为 380 V 时，短路电压 U_k = 70～95 V，否则认为电动机的装配质量不合格。

【思考与提高】

一、填空题

1. 有一台 JO_2-82-4 型鼠笼式异步电动机，额定功率为 40 kW，额定转速为 1 470 r/min，则该电动机的同步转速为_____，它的旋转磁场磁极对数是_____对。

2. 在运行中的三相异步电动机如发生某一相电路断开，则电动机一般 _____转动，但工作绕组中的电流将_____，从而导致_____。

3. 三相对称电流在异步电动机的三相定子绕组中建立的合成磁场是一个_____，它的旋转方向是与_____一致的。

二、选择题

1. 旋转磁场的转速与（　　）。
   A. 电源电压成正比　　B. 频率和极对数成正比　　C. 频率成正比，与极对数成反比

2. 要改变三相异步电动机的转向，须改变（　　）。
   A. 电源电压　　B. 电源频率　　C. 电源相序

3. 三相异步电动机运行时若对调两根电源线，则三相异步电动机最终进入（　　）。
   A. 反转状态　　B. 反接制动　　C. 自然运行

4. 将三对磁极的三相异步电动机接入 380 V/50 Hz 的电源上，则该电动机能达到的最高转速将接近（　　）。
   A. 3 000 r/min　　B. 1 500 r/min　　C. 1 000 r/min

5. 一台磁极数为 6 的异步电动机，其旋转磁场的转速 n 应为（　　）。
   A. 1 000 r/min　　B. 1 500 r/min　　C. 500 r/min

6. 三相异步电动机的旋转方向决定于（　　）。
   A. 电源电压大小　　B. 电源频率高低　　C. 电源电压的相序

三、判断题

1. 静止的三相异步电动机断了一根相线仍然能启动。　　　　　　　　　　　（　　）
2. 三相异步电动机铭牌上标注的额定功率是指电动机输出的机械功率。　　（　　）
3. 若改变三相异步电动机的旋转方向，可改变输入电动机三相定子绕组的电源的相序。
   　　　　　　　　　　　　　　　　　　　　　　　　　　　　　　　　　　（　　）
4. 三相异步电动机旋转磁场的转速 n_1 与磁极对数 p 成反比，与电源频率成正比。（　　）
5. 三相异步电动机，在任何工作状态下其电磁转矩方向始终与旋转方向一致。（　　）

四、分析问答题

1. 三相交流异步电动机中旋转磁场由什么确定？如果对调运转中的三相交流异步电动机三根电源线中的任意两根，会有什么现象发生？

2. 三相交流异步电动机中旋转磁场的转速与转子的转速之间有什么关系？只改变三相交流异步电动机外加电源的频率，电动机的转速会怎么样？

3. 为什么三相异步电动机长期工作在较低电压时会发热甚至烧毁？

4. 某三相异步电动机的额定转速为 1 450 r/min，电源频率为 50 Hz，此电动机的同步转速为多少？磁极对数为多少？

5. 简述三相异步电动机的启动要求，并说明全压启动时为什么启动电流会很大？

6. 运行中的三相交流异步电动机的转子卡住不转，电流有何改变，对电动机有何影响？

7. 如果三相交流异步电动机的负载增大，转子中的电流会怎样变化？

【技能训练】

1. 训练任务

某三相交流异步电动机经过维修后发现定子绕组的接线标示不清楚，而通过铭牌数据观察发现其定子绕组的额定接法为三角形。请利用一定的仪器仪表判别电动机定子绕组的同铭端，并按铭牌数据要求连接定子绕组，进行空载试验、堵转试验，测量其绝缘电阻、直流电阻，进而判别电动机的质量。

2. 训练目的

① 加深对三相交流异步电动机结构的认识。

② 学会铭牌数据的观察，进一步理解铭牌数据的含义。

③ 能够利用一定的设备判别三相交流异步电动定子绕组首尾端并判别定子绕组性能的好坏。

3. 测试内容及结果

步骤	内容	工艺要求		
1	测绝缘电阻	① 绕组对地绕缘电阻：_____ ② 绕组之间的绝缘电阻：_____ 结果判定：_____		
2	测绕组直流电阻	① U 相直流电阻：_____ ② V 相直流电阻：_____ ③ W 相直流电阻：_____ 结果判定：_____		
3	空载试验	① 空载运行情况判别：_____ ② 空载电流：U_____ V_____ W_____ 结果判定：_____		
4	堵转试验	短路电压值：_____ 结果判定：_____		
所用时间		学生签字		老师签字

4. 训练过程

明确控制要求→设计测量方法及测量步骤→准备实训设备及器材→测量绕组首尾端→测量绕组绝缘→测量直流电阻→按照铭牌数据要求连接定子绕组→空载试验→堵转试验。

注意：① 不可带电安装设备或连接导线；② 断开电源后才能进行故障处理；③ 兆欧表使用时应注意量程的选择；④ 使用电桥时，被测物不能带电。

知识拓展一

由于三相交流异步电动机的优点明显,在现代工业中被广泛采用。但在有些场合中,直流电机、单相电动机、步进电动机、伺服电动机等其他种类的电机也有着一定的使用比例,下面就对直流电动机、单相电动机、步进电动机和伺服电动机的相关知识进行介绍。

拓展学习 1 单相电动机

由单相电源供电的异步电动机称为单相异步电动机,它的运行原理有其自身的特点。一般单相异步电动机的定子上装有两相绕组,即工作绕组和启动绕组,其转子是普通鼠笼式的。单相异步电动机结构简单,成本低廉、维修方便、电源获取也方便。单相异步电动机的这些优点使其在小型机械、家用电器、医疗器械、仪器仪表中得到广泛应用。但是,单相异步电动机单位容量的体积比三相异步电动机要大,运行性能差,因此一般只做成几瓦到几百瓦的小容量电动机。

【学习目标】

1. 规范与标准

了解相关行业及国家规范与标准,重点是《电机手册》、《国家电气设备安全技术规范》GB 19517—2004、《用电安全导则》GBT 13869—92。

2. 知识目标

了解单相电动机与三相交流异步电动机的区别与联系,熟悉单相电动机的分类及其工作原理。

【相关知识】

一、单相异步电动机的工作原理

使用单相电源是单相异步电动机的最大优势,对异步电动机来说,单相电源在单绕组中只能产生脉振磁动势。为了使单相异步电动机能够自行启动,必须如同三相异步电动机一样在电机内部产生一个旋转磁场,产生旋转磁场最简单的方法是在两相绕组中通入不同相位的电流。

单相异步电动机的关键问题是如何启动的问题,而启动的必要条件是:① 定子具有空间位置不同的两个绕组;② 两相绕组中通入不同相位的交流电流。

单相异步电动机的优点主要是使用单相交流电源,但是单相异步电动机启动的必要条件要求两相绕组中通入相位不同的两相电流。如何把工作绕组与启动绕组中的电流相位分开,即所谓的"分相",就变成了单相异步电动机十分重要的问题。单相异步电动机的分类,也就依它不同的分相方法而区别。

二、单相异步电动机的分类

根据单相异步电动机的结构和相应启动方法的不同，常用的单相异步电动机有电阻分相启动电动机、电容分相启动电动机和单相罩极式电动机。

1. 电阻分相启动异步电动机

单相电阻分相启动异步电动机的副绕组 a 通过一个启动开关 K 和主绕组 m 并联接到单相电源上，如图 T1-1-1 所示。

启动开关 K 的作用是：当转子转速上升到一定大小（一般为 75%～80% 的同步转速）时，断开副绕组电路，使电机运行在只有主绕组通电的情况下；一种常用的启动开关是离心开关，它装在电动机的转轴上随着转子一起旋转，当转速升到一定值时，依靠离心块的离心力克服弹簧的拉力（或压力），使动触点与静触点脱离接触，切断副绕组电路。

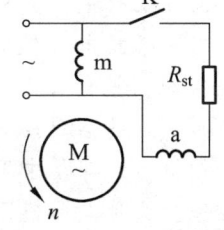

图 T1-1-1　单相电阻分相启动异步电动机

电阻分相启动的单相异步电动机改变转向的方法是：把主绕组或者副绕组中的任何一个绕组接电源的两个出线端对调，也就是把气隙旋转磁通势的旋转方向改变，因而转子转向随之也改变了。

2. 电容分相启动异步电动机

单相电容分相启动异步电动机的接线如图 T1-1-2 所示，其副绕组 a 回路串联了一个电容器 C_{st} 和一个启动开关 K，然后再和主绕组 m 并联到同一个电源上。

与电阻分相启动的单相异步电动机比较，电容分相启动的单相异步电动机的启动电流较小，启动转矩却比较大。

在副绕组 a 中也串接了一个启动开关 K，当转子转速达到 75%～80% 同步转速时，启动开关断开，使副绕组脱离电源。在转子转速上升的过程中，副绕组电流加大，电容器的端电压会升高，启动开关 K 及时动作可以降低对电容器耐压的要求。

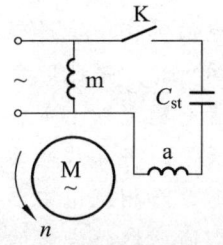

图 T1-1-2　单相电容分相启动异步电动机

电容分相启动的单相异步电动机改变转子转向的方法同电阻分相启动的单相异步电动机一样。

为了使电动机在启动时和运转时都能得到比较好的性能，在副绕组中采用了两个并联的电容器，如图 T1-1-3 所示。电容器 C 是运转时长期使用的电容，电容器 C_{st} 是在电动机启动时使用的，它与一个启动开关串联后再和电容器 C 并联起来。启动时，串联在副绕组回路中的总电容为 $C+C_{st}$，比较大。当电动机转到转速比同步转速稍低时，启动开关动作，将启动电容器 C_{st} 从副绕组回路中切除。

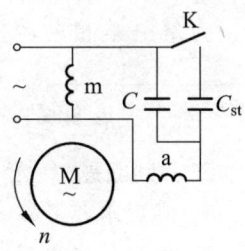

图 T1-1-3　电容启动与运转异步电动机

电容启动与运转的单相异步电动机，与电容启动的单相异步电动机相比，其启动转矩和最大转矩有了增加，功率因数和效率较高，噪声较小，是比较理想的单相异步电动机。

3. 单相罩极式异步电动机

单相罩极式异步电动机的结构分为凸极式和隐极式两种,凸极式结构更为简单一些。凸极式单相罩极异步电动机的主要结构如图 T1-1-4 所示,其转子仍然是普通的鼠笼转子,但其定子有凸起的磁极。在每个磁极上有集中绕组,即为主绕组。极靴的一边约 $\frac{1}{3} \sim \frac{1}{4}$ 处开有小槽,经小槽放置一个闭合的铜环 K,叫做短路环,短路铜环起到了启动绕组的作用,它把磁极的小部分罩起来,故称之为罩极式异步电动机。

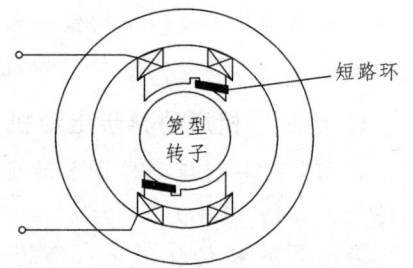

图 T1-1-4 单相凸极式罩极电动机

当罩极式电动机的绕组通入单相交流电流后,产生脉振磁场。其合成磁动势为椭圆形旋转磁动势,使电动机产生一定的启动转矩。其旋转方向由领先相绕组转向落后相绕组,即从未罩部分向罩极部分转动。一旦启动之后,电机则按单相电动机的工作原理工作。这种电动机因罩极结构已制成,不能靠改变接线的方式来改变转向。

罩极式电动机的启动转矩很小,但结构简单、制造方便,多用于小型电扇、电唱机和录音机中,容量一般在 30~40 W 以下。而电容分相式单相异步电动机则应用于需要较大启动转矩的装置,如空气压缩机、空气调节器、电冰箱等,容量在几百瓦以下。

三、三相异步电动机的单相运行

三相异步电动机在启动时,由于某种原因,定子的一相绕组断开,电动机将不能启动。如果电动机在运行过程中其中一相断开,则电动机仍会继续旋转,这就是三相异步电动机的缺相运行。如果此时负载轻,电动机还能继续工作,但能够听出电动机噪声增大。如果电动机还带有额定以上负载,这势必导致其他未断开两相电路中的电流急剧增大,超过额定电流,时间长了,将导致电动机绕组过热,甚至烧毁。为防止这一现象产生,使用三相交流异步电动机时,三相绕组中要分别串接熔断器加以保护。在使用过程中应注意异步电动机在运转时有无熔断器熔丝烧断的现象。

【思考与提高】

一、填空题

为解决单相电动机的启动问题,通常单相电动机的定子绕组上安装有两套绕组,一套是_____,又称主绕组,另一套是_____,又称副绕组,它们的空间位置相差_____电角度。

二、判断题

1. 实现单相异步电动机的正、反转,只要电源的首、末两端对调即可。   (   )
2. 单相异步电动机启动后,去掉启动绕组将会停止。   (   )
3. 若要改变单相电容式异步电动机的转向,必须同时将工作绕组的启动绕组各自与电源相连的两根端线对调后再接入电源。   (   )

三、分析问答题

1. 若不采取其他措施,只有一个绕组的单相异步电动机能否自行启动?为什么?

2. 三相异步电动机在运行中有一根电源线突然断了,问电动机能否继续运行?停车后能否启动?为什么?

3. 怎样改变分相式单相异步电动机的转向?罩极式单相异步电动机的转向能否改变?为什么?

拓展学习2　直流电动机

直流电动机具有良好的启动和制动性能,可以在宽广范围内实现平滑而经济地调速,广泛应用于电力牵引、轧钢机和起重设备中。直流电动机的主要缺点是换向问题。换向不仅使直流电动机结构复杂,制造和维护成本高,运行可靠性差,而且使其应用范围和容量提高受到极大限制。近年来,直流电动机在许多场合,如轧钢系统、煤矿电机车、纺织机械等领域仍有大量应用。

【学习目标】

1. 规范与标准

进一步了解相关行业及国家规范与标准,熟悉《电机手册》、《国家电气设备安全技术规范》GB 19517—2004、《用电安全导则》GBT13869—92。

2. 知识目标

了解直流电动机的基本结构,熟悉直流电动机的励磁方式及其工作原理,理解直流电动机和直流发电机的可逆运行原理。

【相关知识】

一、直流电动机的基本结构

直流电动机由定子(固定不动)与转子(旋转)两大部分组成,定子与转子之间有空隙,称为气隙。图 T1-2-1 所示为直流电动机的基本结构。

定子部分包括机座、主磁极、换向极、端盖、电刷等装置;转子部分包括电枢铁芯、电枢绕组、换向器、转轴、风扇等部件。下面介绍直流电动机主要部件的作用。

1. 定子部分

(1) 机座

机座既可以固定主磁极、换向极、端盖等,又是电机磁路的一部分(称为磁轭)。机座一般用铸钢或厚钢板焊接而成,具有良好的导磁性能和机械强度。

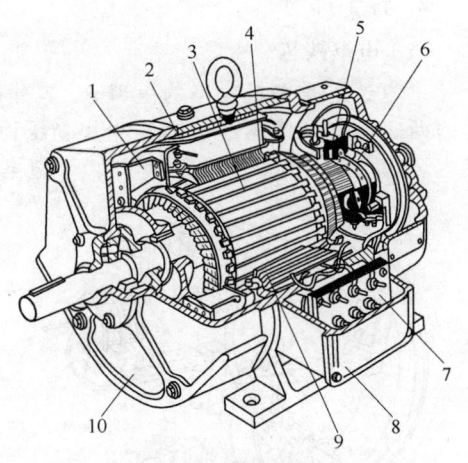

图 T1-2-1　直流电机的结构示意图

1—风扇;2—机座;3—电枢;4—主磁极;5—刷架;6—换向器;7—接线板;8—出线盒;9—换向极;10—端盖

（2）主磁极

主磁极的作用是产生气隙磁场，由主磁极铁芯和主磁极绕组（励磁绕组）构成，如图 T1-2-2 所示。主磁极铁芯一般由 1.0～1.5 mm 厚的低碳钢板冲片叠压而成，包括极身和极靴两部分。极靴做成圆弧形，以使磁极下气隙磁通较均匀。极身上面套有励磁绕组，绕组中通入直流电流。整个磁极用螺钉固定在机座上。

（3）换向极

换向极用来改善换向，由铁芯和套在铁芯上的绕组构成，如图 T1-2-3 所示。换向极铁芯一般用整块钢制成，如换向要求较高，则用 1.0～1.5 mm 厚的钢板叠压而成，其绕组中流过的是电枢电流。换向极装在相邻两主极之间，用螺钉固定在机座上。

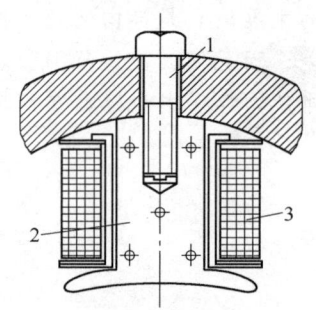

图 T1-2-2　直流电机的主磁极

1—固定主磁极的螺钉；2—主磁极铁芯；
3—励磁绕组

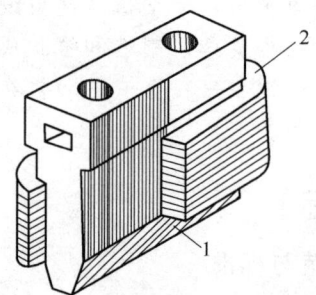

图 T1-2-3　直流电机的换向极

1—换向极铁芯；2—换向极绕组

（4）电刷装置

电刷与换向器配合可以把转动的电枢绕组电路和外电路连接，并把电枢绕组中的交流量转变成电刷端的直流量。电刷装置由电刷、刷握、刷杆、刷杆架、弹簧、铜辫构成，如图 T1-2-4 所示。电刷组的个数一般等于主磁极的个数。

2. 转子部分

（1）电枢铁芯

电枢铁芯是电机磁路的一部分，其外圆周开槽，用来嵌放电枢绕组。电枢铁芯一般用 0.5 mm 厚的两边涂有绝缘漆的硅钢片冲片叠压而成，如图 T1-2-5 所示。电枢铁芯固定在转轴或转子支架上。铁芯较长时，为加强冷却，可把电枢铁芯沿轴向分成数段，段与段之间留有通风孔。

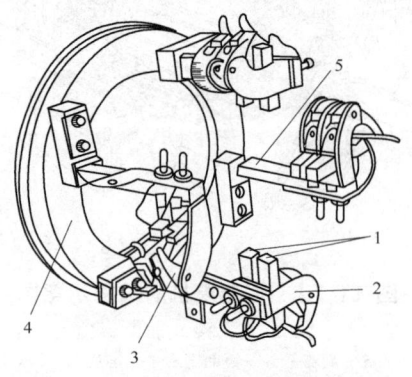

图 T1-2-4　直流电机的电刷装置

1—电刷；2—刷握；3—弹簧压板；4—座圈；5—刷杆

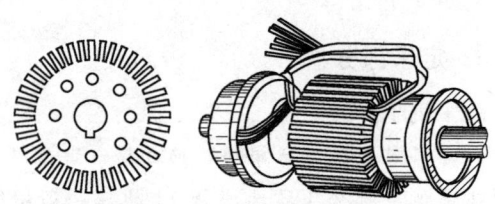

图 T1-2-5　电枢铁芯

（2）电枢绕组

电枢绕组是直流电机的主要组成部分，其作用是感应电动势、通过电枢电流，它是电机实现机电能量转换的关键，通常用绝缘导线绕成的线圈（或称元件）按一定规律连接而成。

（3）换向器

换向器是由多个紧压在一起的梯形铜片构成的一个圆筒，片与片之间用一层薄云母绝缘，电枢绕组各元件的始端和末端与换向片按一定规律连接，如图 T1-2-6 所示。换向器与转轴固定在一起。

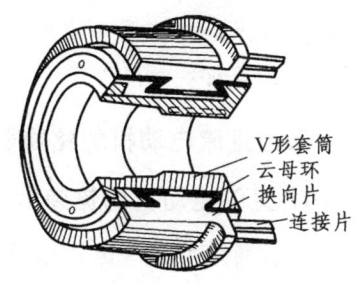

图 T1-2-6　换向器

二、直流电动机的工作原理

若把电刷 A、B 接到直流电源上，电刷 A 接电源的正极，电刷 B 接电源的负极，此时在电枢线圈中将有电流流过。如图 T1-2-7（a）所示，设线圈的 ab 边位于 N 极下，线圈的 cd 边位于 S 极下，则导体每边所受电磁力的大小为

$$F = B_x l I$$

式中：B_x 为导体所在处的磁通密度，单位为 Wb/m^2；l 为导体 ab 或 cd 的有效长度，单位为 m；I 为导体中流过的电流，单位为 A；F 为电磁力，单位为 N。

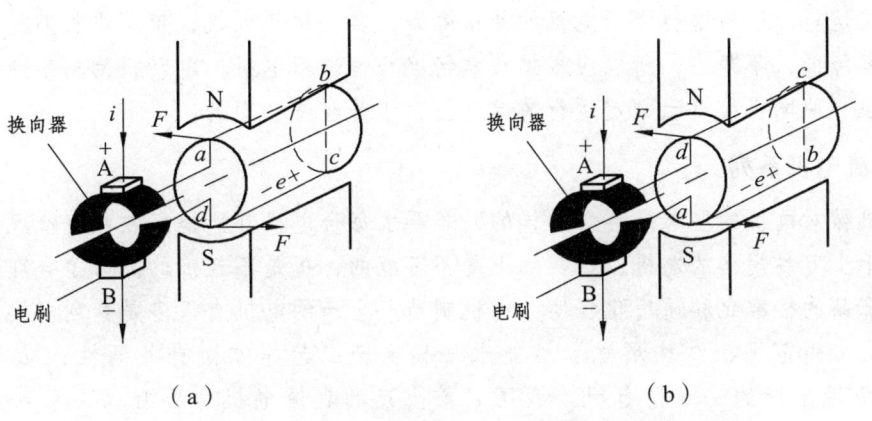

（a）　　　　　　　　　　　　　（b）

图 T1-2-7　直流电动机的工作原理示意图

导体受力方向由左手定则确定。在图 T1-2-7（a）的情况下，位于 N 极下导体 ab 的受力方向为从右向左，而位于 S 极下导体 cd 的受力方向为从左向右。该电磁力与转子半径之积即为电磁转矩，该转矩的方向为逆时针。当电磁转矩大于阻转矩时，线圈按逆时针方向旋转。当电枢旋转到图 T1-2-7（b）所示位置时，原位于 S 极下的导体 cd 转到 N 极下，其受力方向变为从右向左；而原位于 N 极下的导体 ab 转到 S 极下，导体 ab 的受力方向变为从左向右，该转矩的方向仍为逆时针方向，线圈在此转矩作用下继续按逆时针方向旋转。这样，虽然导体中流通的电流为交变的，但 N 极下导体的受力方向和 S 极下导体的受力方向并未发生变化，电动机在方向不变的转矩作用下转动。

实际直流电机的电枢可根据实际应用情况而采用多个线圈。线圈分布于电枢铁芯表面的不同位置上,并按照一定的规律连接起来,构成电机的电枢绕组。磁极 N、S 也是根据需要交替放置多对。

三、直流电动机的铭牌数据和类型

1. 直流电动机的铭牌数据

电机制造厂按照国家标准,根据电机的设计和试验数据,规定了电机的正常运行状态和条件,通常称之为额定运行情况。凡是表征电机额定运行情况的各种数据,称为额定值。额定值一般都标注在电机的铭牌上,所以也称为铭牌数据,它是正确合理使用电机的依据。

直流电机的额定值主要有下列几项:

① 额定功率 P_N,是指电机的输出功率,对于发电机是指出线端输出的电功率,对于电动机是指转轴上输出的机械功率,单位为 W 或 kW。

② 额定电压 U_N,是指在额定工作条件下,电机出线端的平均电压,对于电动机是指输入额定电压,对于发电机是指输出额定电压,单位为 V。

③ 额定电流 I_N,是指电机在额定电压下,运行于额定功率时的电流值,单位为 A。

④ 额定转速 n_N,是指对应于额定电压、额定电流、电机运行于额定功率时所对应的转速,单位为 r/min。

电机在实际应用时,是否处于额定运行情况,要由负载的大小来决定。一般不允许电机超过额定值运行,因为这会降低电机的使用寿命,甚至损坏电机,但电机长期处于低负载下工作,效率降低,不经济,所以应根据负载情况合理选用电机,电动机的功率应当约大于负载的最大值,使电机接近于额定运行情况运行,才是经济合理的。

2. 直流电机系列

生产机械对电机的要求是各种各样的,若要求每台电机都能恰好在额定情况下运行,就需要有成千上万种规格的电机,这实际上是不可能的,也是不经济的。为了合理选用电机和不断提高产品的标准化和通用化程度,电机制造厂生产的电机有很多是系列电机。所谓系列电机就是在应用范围、结构形式、性能水平和生产工艺等方面有共同性,功率按一定比例递增并成批生产的一系列电机。我国目前生产的直流电机主要有以下系列。

(1) Z_3 系列

该系列为一般用途的小型直流电机系列,是一种基本系列。"Z"表示直流,"3"表示第三次改型设计。该系列容量为 0.4~200 kW,电动机的电压为 110 V 或 220 V,发电机的电压为 115 V 或 230 V,通风形式为防护式。

(2) ZF 和 ZD 系列

该系列为一般用途的中型直流电机系列。"F"表示发电机,"D"表示电动机。该系列容量为 55 kW(320 r/min)~1 450 kW(1 000 r/min)。电动机的电压为 220 V、330 V、440 V、600 V;发电机的电压为 230 V、350 V、460 V、660 V。发电机的通风形式为开启式和管道通风防护式；电动机为强迫通风式。

（3）ZZJ 系列

该系列为起重、冶金用直流电动机系列。电压有 220 V 和 440 V 两种。励磁方式有串励、并励、复励三种；工作方式有连续、短时和断续三种；基本形式为全封闭自冷式。此外还有 ZQ 直流牵引电动机系列及 Z-H 和 ZF-H 船用电动机和发电机系列等。

四、直流电动机的励磁方式

根据直流电动机励磁绕组和电枢绕组与电源连接关系的不同，直流电动机可分为它励、并励、串励、复励电动机等类型。

1. 它励电动机

它励电动机的励磁绕组和电枢绕组分别由两个独立的直流电源供电，励磁电压 U_f 与电枢电压 U 彼此无关，如图 T1-2-8（a）所示。

2. 并励电动机

并励电动机的励磁绕组和电枢绕组并联，由同一电源供电，励磁电压 U_f 等于电枢电压 U，如图 T1-2-8（b）所示。并励电动机的运行性能与它励电动机相似。

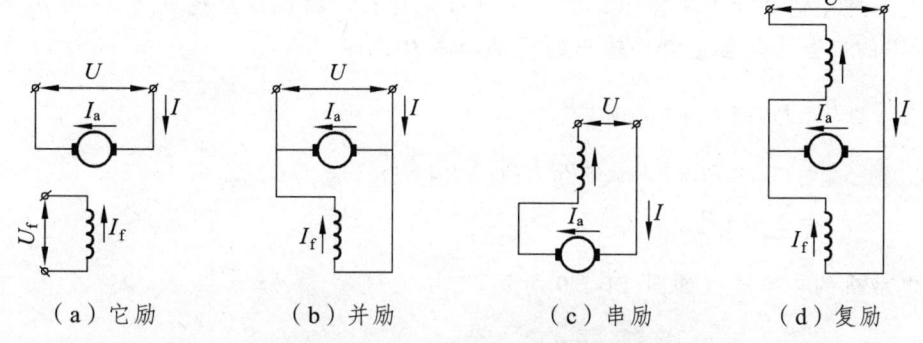

（a）它励　　（b）并励　　（c）串励　　（d）复励

图 T1-2-8　直流电动机的励磁方式

3. 串励电动机

串励电动机的励磁绕组与电枢绕组串联后再接于直流电源，此时的电枢电流就是励磁电流，如图 T1-2-8（c）所示。

4. 复励电动机

复励电动机有并励和串励两个励磁绕组，并励绕组与电枢绕组并联后再与串励绕组串联，然后接于电源上，如图 T1-2-8（d）所示。

五、直流电动机的基本方程式

1. 它励直流电动机的基本方程式

（1）电动势平衡方程式

它励直流电动机在稳定运行时，加在电枢两端电压为 U，电枢电流为 I_a，电枢电动势为

E_a,由电动机的工作原理可知,E_a 是反电势,若以 U、E_a、I_a 的实际方向为正方向,则可列出直流电动机的电动势平衡方程式

$$U = E_a + I_a R_a$$

式中,R_a 为电枢电阻。

上述平衡方程式说明,电源电压除一小部分被电枢电阻损耗外,其余被电动机吸收转换为反电势去带动电动机转动。

(2)转矩平衡方程式

它励电动机的电磁转矩 T_e 为拖动性质的转矩。当电动机以恒定的转速稳定运行时,电磁转矩 T_e 与负载转矩 T_L 及空载转矩 T_0 相平衡,即

$$T_e = T_L + T_0$$

由此可见,电动机轴上的电磁转矩一部分与负载转矩相平衡,另一部分是空载损耗。

(3)功率平衡方程式

直流电动机工作时,从电网吸取电功率 P_1,除去电枢回路的铜损耗 p_{Cua},电刷接触损耗 p_{Cub} 及励磁回路铜耗 p_{Cuf},其余部分转变为电枢上的电磁功率 P_e。

电磁功率并不能全部用来输出,它的一部分是运行时的机械损耗 p_Ω、铁损 p_{Fe} 和附加损耗 p_{ad},剩下的部分才是轴上对外输出的机械功率 P_2,即

$$P_1 = p_{Cua} + p_{Cub} + p_{Cuf} + P_e$$
$$= p_{Cua} + p_{Cub} + p_{Cuf} + p_\Omega + p_{Fe} + p_{ad} + P_2$$
$$= \sum p + P_2$$

直流电动机的功率流程如图 T1-2-9 所示。

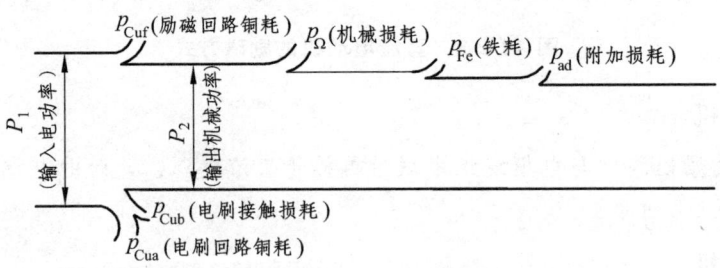

图 T1-2-9 直流电动机的功率流程图

2. 它励直流电动机的工作特性

所谓它励直流电动机的工作特性是指在 $U = U_N$、励磁电流 $I_f = I_{fN}$、电枢回路不串入电阻时,电动机的转速 n、电磁转矩 T_e 和效率 η 分别与输出功率 P_2 之间的关系。

(1)转速特性

转速特性是指在 $U = U_N$、励磁电流 $I_f = I_{fN}$、电枢回路不串入电阻时,电动机的转速与

输出功率之间的关系,即

$$n = f(P_2)$$

由 $U = E_a + I_a R_a$ 和 $E_a = C_e \Phi n$

得转速公式 $$n = \frac{U_N - I_a R_a}{C_e \Phi}$$

当输出功率增加时,电枢电流增加,电枢压降 $I_a R_a$ 增加,使转速下降,同时由于电枢反应的去磁作用,使转速上升。上述两者相互作用的结果,使转速略微下降,如图 T1-2-10 所示。

电动机转速随负载变化的稳定程度用电动机的额定转速调整率 $\Delta n_N \%$ 表示,即

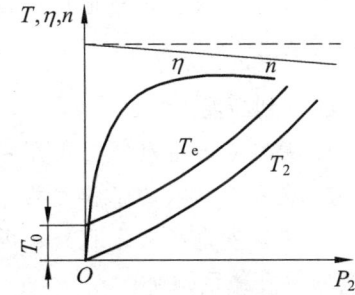

图 T1-2-10 并励电动机的工作特性

$$\Delta n_N \% = \frac{n_0 - n_N}{n_N} \times 100\%$$

式中:n_0 为空载转速;n_N 为额定负载转速。

它励直流电动机的转速调整率很小,一般 $\Delta n_N \%$ 约为 3%~8%。

(2)转矩特性

转矩特性是指在 $U = U_N$、励磁电流 $I_f = I_{fN}$、电枢回路不串入电阻时,电动机的电磁转矩与输出功率之间的关系,即 $T_e = f(P_2)$。

输出功率 $P_2 = T_2 \omega$,所以 $T_2 = \frac{P_2}{\omega} = \frac{P_2}{2\pi n / 60}$。由此可见,当转速不变时,$T_2 = f(P_2)$ 为一条通过原点的直线。实际上,当 P_2 增加时转速 n 有所下降,因此 $T_2 = f(P_2)$ 的关系曲线将稍微向上弯曲。而电磁转矩 $T_e = T_2 + T_0$,因此只要在 $T_2 = f(P_2)$ 的关系曲线上加上空载转矩 T_0,便可得到 $T_e = f(P_2)$ 的关系曲线,如图 T1-2-10 所示。

3. 效率特性

由功率平衡方程可知,电动机的损耗主要是可变的铜损和固定的铁损。当负载 P_2 较小时,效率低;随着负载 P_2 的增加,铁损不变,铜损增加,但总损耗的增加小于负载的增加,效率上升;负载继续增大,铜损是按负载电流的平方增大,使得效率开始下降,如图 T1-2-10 所示。

【思考与提高】

一、填空题

1. 改变直流电动机运转方向的方法有_____ 和 _____两种。
2. 电磁转矩对直流电动机而言是_____转矩,而对直流发电机而言则为_____转矩。
3. 直流电机按励磁绕组的连接方式可分为:_____、_____、_____ 和 _____四种。

二、选择题

1. 直流电机中的电刷是为了引导电流,在实际应用中应采用(　　　)。
   A. 石墨电刷　　　　　　B. 铜质电刷　　　　　　C. 银质电刷
2. 不论是直流发电机还是直流电动机,其换向极绕组的接线方式是(　　　)。
   A. 与电枢绕组并联　　　B. 与电枢绕组串联　　　C. 与励磁绕组串联
3. 能采用改变电枢电压调速的是(　　　)直流电动机。
   A. 它励电动机　　　　　B. 并励电动机　　　　　C. 串励电动机

三、判断题

1. 并励直流电动机在使用中可以将励磁绕组拆除。　　　　　　　　　　　　(　　　)
2. 在直流电机的工作过程中,电磁转矩的方向总是和电机的旋转方向一致。(　　　)
3. 直流发电机在电枢绕组元件中产生的交流电动势,只是由于加装了换向器和电刷装置才能输出直流电动势。　　　　　　　　　　　　　　　　　　　　　　　　(　　　)

四、分析问答题

1. 直流电机中电枢绕组元件中电流是直流还是交流,若为交流,为何称为直流电机?
2. 直流电机主要部件有哪些,各起什么作用?
3. 换向极有何作用?设置在哪里?其励磁绕组电流与电枢电流关系如何?为什么?换向极磁势方向如何确定?
4. 直流电动机在启动或工作时励磁绕组为何不能断开?
5. 如何确定换向极的极性,换向极绕组为什么要与电枢绕组相串联?

拓展学习3　步进电动机

步进电动机是一种由电脉冲控制的特殊同步电动机,其作用是将电脉冲信号转换成相应的角位移。因此,步进电动机又称为脉冲电动机。步进电动机可以实现信号变换,是自动控制系统和数字控制系统中广泛应用的执行元件。步进电动机具有结构简单、维护方便、精确度高、调速范围大,启动、制动、反转灵敏等优点,而且无累计误差,目前广泛应用于计算机外部设备、光电组合装置、阀门控制、核反应堆、数控机床及医疗设备等领域。

【学习目标】

1. 规范与标准

进一步了解相关行业及国家规范与标准,熟悉《电机手册》、《国家电气设备安全技术规范》GB 19517—2004、《用电安全导则》GBT 13869—92。

2. 知识目标

了解步进电动机的作用和用途,熟悉步进电动机的结构和工作原理,了解步进电动机的特性及驱动方式。

知识拓展一

【相关知识】

一、步进电动机的分类及结构

步进电动机的角位移和线位移与脉冲数成正比,其转速 n 或线速度 v 与脉冲频率 f 成正比。在负载能力范围内,这些关系不因电源电压、负载大小以及环境条件的波动而变化。步进电动机可以在很宽的范围内通过改变脉冲频率来调速;能够快速启动、反转和制动;能将数字脉冲信号转换为角位移。部分步进电动机的外形如图 T1-3-1 所示。

图 T1-3-1　部分步进电动机的外形

步进电动机的分类方法有很多。按照励磁方式分类,可以将步进电动机分为永磁式、混合式和反应式;按照定、转子结构分类,可将步进电动机分成单段式和多段式;按照绕制的相数分类,可将步进电动机分为两相式、三相式、四相式、五相式或更多相式;按照输出转矩大小分类,还可将步进电动机分为伺服步进式和功率步进式,前者输出转矩不大于 $0.1\,\mathrm{N\cdot m}$ 量级,后者输出转矩在 $10\,\mathrm{N\cdot m}$ 量级。

反应式步进电动机又称为磁阻式步进电动机,主要由定子和转子两部分组成,它的定子、转子磁路均由软磁材料制成;定子上装有六个均匀分布的磁极,并有许多小齿,每个磁极上都装有控制绕组,每两个相对的磁极成一相,同一相的控制绕组可以串联或者并联,组成三个独立的绕组 U、V、W,称为三相绕组,也有做成四相、五相、六相或者更多相的;转子上没有绕组,由软磁性材料组成,沿圆周上均匀分布许多小齿子,转子的齿距和定子的齿距相等。三相反应式步进电动机的结构示意图如图 T1-3-2 所示。

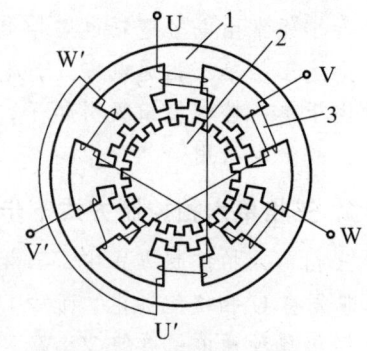

图 T1-3-2　三相反应式步进电动机的结构示意图

1—定子;2—转子;3—定子绕组

二、反应式步进电动机的工作原理

为了方便分析,假设转子只均匀分布四个齿,根据定子磁极上控制绕组通入电脉冲方式的不同,分为三相单三拍控制、三相单六拍控制和三相双三拍控制,下面分别介绍其工作原理。

1. 三相单三拍控制方式下步进电动机的工作原理

图 T1-3-3 所示为三相单三拍控制方式下步进电动机的工作原理示意图。单三拍控制中的"单"是指每次只有一相绕组通电,通电顺序为 U→V→W→U 或者 U→W→V→U。"拍"是指一种通电状态换到另一种通电状态,"三拍"是指经过三次切换控制绕组的脉冲为一个循环。

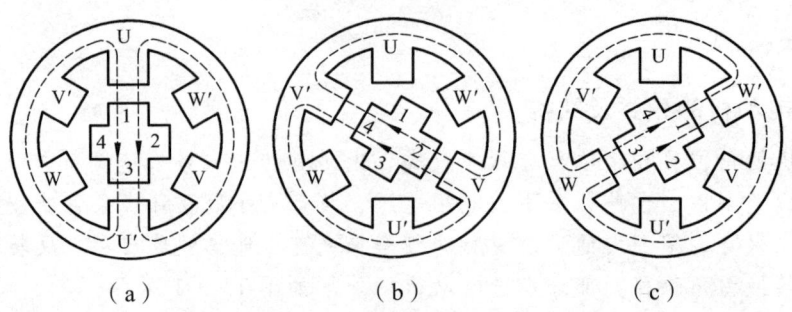

(a) （b） （c）

图 T1-3-3　三相单三拍控制方式下步进电动机的工作原理示意图

当 U 相绕组通入电脉冲时，U、U′ 称为电磁铁的 N、S 极。由于磁路磁通要沿着磁阻最小的路径闭合，将使转子齿 1、3 和定子磁极 U、U′ 对齐，即形成 U、U′ 轴线方向上的磁通 Φ_A，如图 T1-3-3（a）所示。

U 相脉冲结束，接着 V 相通入脉冲，由于上述原因，转子齿 2、4 与定子磁极 V、V′ 对齐，如图 T1-3-3（b）所示，转子顺时针转过 30°。V 相脉冲结束后，随后 W 相控制绕组通入电脉冲，使转子齿 3、1 和定子磁极 W、W′ 对齐，转子又在空间顺时针方向转过 30°，如图 T1-3-3（c）所示。

由上述分析可知，如果按照 U→V→W→U 的顺序通入电脉冲，转子逆时针方向一步一步转动，每步转过 30°，该角度称为步距角。电动机的转速取决于电脉冲的频率，频率越高，转速越高。若按 U→W→V→U 顺序通入电脉冲，则电动机反向转动。三相绕组的通电顺序及频率大小通常由电子逻辑电路控制实现。

上述三相单三拍通电方式，是在一相绕组断电瞬间另一相绕组开始通电，容易造成失步。而且由于单一控制绕组吸引转子，也容易使转子在平衡位置附近产生振荡，所以运行稳定性较差，故很少采用。

2. 三相单六拍控制方式下步进电动机的工作原理

三相单六拍控制方式中，三相控制绕组的通电顺序按 U→UV→V→VW→W→WU→U 进行，即先将 U 相绕组通电，而后 U、V 两相绕组同时通电；然后断开 U 相控制绕组，由 V 相控制绕组单独通电；再使 V、W 两相控制绕组通电，依次进行下去，如图 T1-3-4 所示。每转换一次，步进电动机顺时针方向旋转 15°，即步距角为 15°。若改变通电顺序，步进电动机将按逆时针方向旋转。该控制方式下，定子三相绕组经过六次换接完成一个循环，故称为"六拍"控制。此种控制方式因转换时始终有一相绕组通电，故工作比较稳定。

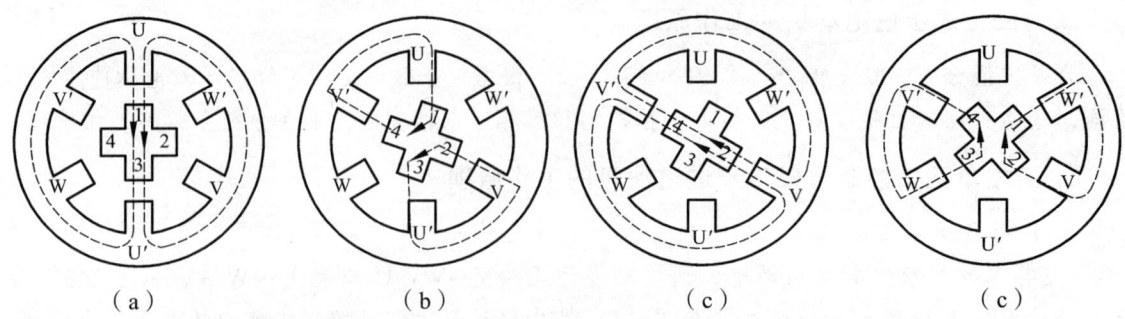

(a) （b） （c） （c）

图 T1-3-4　三相单六拍控制方式下步进电动机的工作原理示意图

3. 三相双三拍控制方式下步进电动机的工作原理

双三拍控制方式下，每次有两相绕组同时通电，且按照 UV→VW→WU→UV 顺序进行，任何时候都有两相绕组同时通电。在双三拍通电方式下，步进电动机转子的位置与单六拍通电方式时两相绕组同时通电时的情况是一样的，如图 T1-3-4（b）和（d）所示。所以，双三拍通电方式运行时，步进电动机的步距角和单三拍控制方式时的步距角相同，为 30°。

由上述分析可知，在运行拍数和齿数一定时，步进电动机的转速只取决于电脉冲频率，并且与脉冲频率成正比。

三、步进电动机的特性

1. 步距角

步进电动机接收一个脉冲，转子所转过的空间角度称之为步距角。步距角与相数、转子表面的齿数和励磁控制方式有关。

2. 相　数

步进电动机的相数是指电动机内部的线圈组数，目前常用的有二相、三相、四相、五相步进电动机。步进电动机的相数不同，其步距角也不同。在没有细分驱动器时，用户主要靠选择不同相数的步进电动机来满足步距角的要求。如果使用细分驱动器，则"相数"将变得没有意义，用户只需在驱动器上改变细分数，就可以改变步距角。

3. 静态步距角误差

静态步距角误差是指理论的步距角和实际的步距角之差，以分表示，一般在 10′ 之内。步距角误差主要是由于步进电动机齿距制造误差、定子和转子间气隙不均匀以及各相电磁转矩不均匀等因素造成的。步距角误差直接影响工件的加工精度以及步进电动机的动态特性。静态步距角误差越小，表示步进电动机的精度越高。

4. 启动频率

空载时，步进电动机由静止突然启动，并能不丢步地进入正常运行状态所允许的最高频率，称为启动频率或突跳频率。若启动时步进电动机定子绕组通电状态的变化频率大于启动频率，则步进电动机就不能正常启动。启动频率与负载惯量也有关系，一般来说，启动频率随着负载惯量的增长而下降。

5. 连续运行的最高工作频率

步进电动机连续运行时，它所能接受的，即保证不丢步运行的极限频率，称为最高工作频率。最高工作频率是决定定子绕组通电状态最高变化频率的参数，它决定了步进电动机的最高转速，其值远大于启动频率。最高工作频率随负载的性质和大小而异，与驱动电源也有很大关系。

6. 加减速特性

步进电动机的加减速特性是描述步进电动机由静止到工作频率和由工作频率到静止的加减速过程中，定子绕组通电状态的变化频率与时间的关系。当要求步进电动机启动到大于突跳频率的工作频率时,变化速度必须逐渐上升;同样,当要求步进电动机从最高工作频率或高于突跳频率的工作频率停止时,变化速度必须逐渐下降。逐渐上升或下降的加速时间、减速时间不能过小,否则会出现失步或超步。一般用加速时间常数 T_a 和减速时间常数 T_d 来描述步进电动机的升速和降速特性。

7. 矩频特性与动态转矩

矩频特性是描述步进电动机连续稳定运行时,输出转矩与连续运行频率 f 之间的关系。矩频特性曲线上每一个频率所对应的转矩称为动态转矩。动态转矩随连续运行频率的上升而下降下。

上述步进电动机的主要特性,除步距角和静态步距误差外,其余均与驱动电源有很大关系。驱动电源性能好,步进电动机的特性可得到明显改善。

四、步进电动机的驱动电源

步进电动机不能直接接到工频交流或直流电源上工作,而必须使用专用的驱动电源供电,如图 T1-3-5 所示,它由脉冲发生控制单元、功率驱动单元、保护单元等组成。图中点划线所包围的两个单元可以用微机控制来实现。驱动单元必须与驱动器直接耦合(防电磁干扰),也可理解成微机控制器的功率接口。步进电动机驱动器是一种将电脉冲转化为角位移的执行机构。当步进驱动器接收到一个脉冲信号,它就驱动步进电动机按设定的方向转动一个固定的角度(称为"步距角"),它的旋转是以固定的角度一步一步运行的。可以通过控制脉冲个数来控制角位移量,从而达到准确定位的目的;同时可以通过控制脉冲频率来控制步进电动机转动的速度和加速度,从而达到调速和定位的目的。

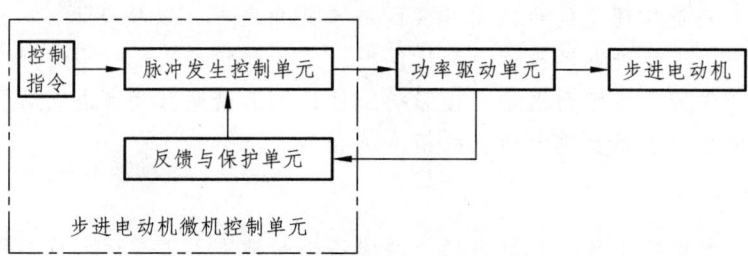

图 T1-3-5　步进电动机的驱动

【思考与提高】

1. 简述步进电动机单三拍、单六拍、双三拍的工作方式。
2. 怎样改变步进电动机的转向?
3. 步进电动机的作用是什么?其转速与哪些因素有关?
4. 步进电动机的启动频率与运行频率和负载大小有什么关系?

拓展学习 4　伺服电动机

伺服电动机是指在伺服系统中控制机械元件运转的发动机,可以将电压信号转化为转矩和转速以驱动控制对象。在现代电气传动系统中要求速度控制和位置控制的场合,伺服电动机应用得越来越普遍。

【学习目标】

1. 规范与标准

进一步了解相关行业及国家规范与标准，熟悉《电机手册》、《国家电气设备安全技术规范》GB 19517—2004、《用电安全导则》GBT 13869—92。

2. 知识目标

了解伺服电动机的作用和用途，熟悉伺服电动机的结构和工作原理，了解伺服电动机的工作特性。

【相关知识】

伺服电动机分为直流伺服电动机和交流伺服电动机。从目前伺服电动机的应用情况来看，直流伺服电动机因其能在大范围内实现精密的速度和位置控制，所以在系统性能要求高的场合得到广泛应用；而交流伺服电动机因其具有无刷、高可靠性能、散热好、转动惯量小、能工作于高压状态等优点，有着逐步取代直流伺服电动机的趋势。

一、直流伺服电动机

1. 基本结构

直流伺服电动机的基本结构与普通它励直流电动机一样，如图T1-4-1所示。所不同的是直流伺服电动机的电枢电流很小，换向并不困难，因此都不用装换向磁极，并且转子做得很细长，气隙较小，磁路不饱和，电枢电阻较大。

直流伺服电动机的结构主要包括三大部分：

① 定子。定子磁极的磁场由定子的磁极产生。根据产生磁场的方式，直流伺服电动机可分为永磁式和它激式。永磁式磁极由永磁材料制成，它激式磁极由冲压硅钢片叠压而成。外绕线圈通以直流电流便产生恒定磁场。

② 转子。又称为电枢，由硅钢片叠压而成，表面嵌有线圈，通以直流电时，在定子磁场作用下产生带动负载旋转的电磁转矩。

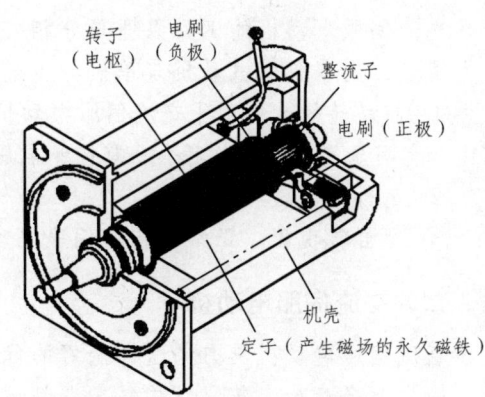

图 T1-4-1 直流伺服电动机的结构

③ 电刷与换向片。为了使所产生的电磁转矩保持恒定方向，转子能沿固定方向均匀地连续旋转，电刷与外加直流电源相接，换向片与电枢导体相接。

直流伺服电动机按照励磁方式的不同，可以分为电磁式和永磁式两种。电磁式直流伺服电动机的磁场由励磁绕组产生，一般用它励；永磁式直流伺服电动机的磁场由永久磁铁生成。为了满足自动控制系统的要求，减小转子的转动惯量，其电枢结构的常用型式有无槽电枢、盘型电枢、空心杯电枢等。

2. 工作原理及其特性

直流伺服电动机的工作原理与普通小型它励直流电动机相同，其转速由信号电压控制。信号电压若加在电枢绕组两端，称为电枢控制；若加在励磁绕组两端，则称为磁场控制。由于电枢控制的直流伺服电动机具有机械特性好、精度高、响应速度快等优点，所以在工程实际中应用较多。

直流伺服电动机的机械特性方程式与它励直流电动机一样，图 T1-4-2 所示为电枢控制式直流伺服电动机的接线原理图，当电枢电压改变时，可得一组平行的机械特性曲线，如图 T1-4-3 所示。由图 T1-4-3 可见：在一定负载转矩下，当磁通不变时，如果升高电枢电压，电动机的转速就升高；反之，降低电枢电压，转速就下降；当信号控制电压 $U_c = 0$ 时，电动机立即停转。要电动机反转，可改变电枢电压的极性。

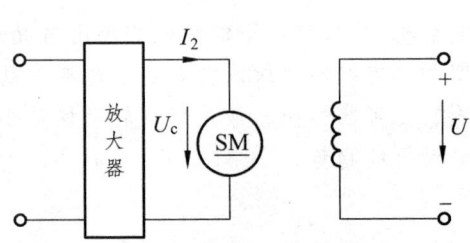 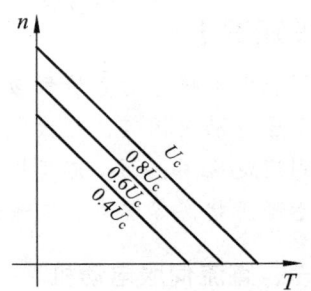

图 T1-4-2 直流伺服电动机的接线图 　　　　图 T1-4-3 直流伺服电动机的机械特性

3. 伺服电动机与单相异步电动机的比较

交流伺服电动机的工作原理与分相式单相异步电动机虽然相似，但前者的转子电阻比后者大得多，所以伺服电动机与单机异步电动机相比，有三个显著特点：

① 起动转矩大。由于交流伺服电动机的转子电阻大，与普通异步电动机的转矩特性曲线相比，有明显的区别。当定子一有控制电压，转子立即转动，即具有启动快、灵敏度高的特点。

② 运行范围较广。

③ 无自转现象。正常运转的伺服电动机，只要失去控制电压，电动机立即停止运转。

二、交流伺服电动机

直流伺服电动机具有调速性能好的优点，但直流伺服电动机也有缺点：电刷和换向器易损、换向时会产生火花、结构复杂、制造成本高等。而交流伺服电动机则没有上述缺点，尤其是随着大功率电力电子器件、新型变频技术、现代控制理论等技术的发展，交流伺服技术被越来越广泛地采用。

1. 传统伺服电动机

（1）基本结构

传统的交流伺服电动机的基本结构与单向异步电动机类似，其定子铁芯也是由冲有齿和槽的硅钢片叠压而成。定子槽中装有励磁绕组和控制绕组，两个绕组在空间互差 90° 电角度，励磁绕组与交流电源连接，控制绕组接入输入信号，如图 T1-4-4 所示。

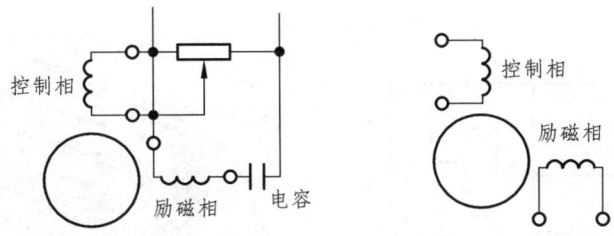

图 T1-4-4 传统伺服电动机电路

交流伺服电动机的转子结构有笼型转子和空心杯型转子。笼型转子的结构与一般笼型异步电动机的转子类似,但转子导体的电阻比一般的异步电动机转子的电阻大得多。空心杯型转子由非磁性材料制成,优点是转子非常轻,转动惯量小。空心杯型转子交流伺服电动机的结构如图 T1-4-5 所示。

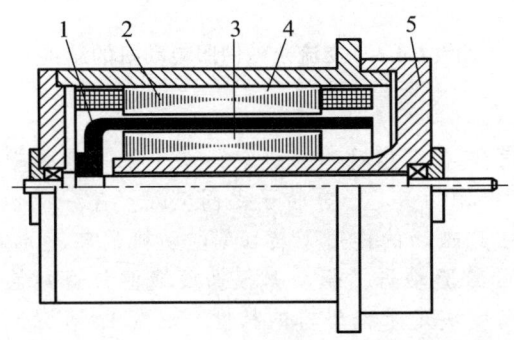

图 T1-4-5 空心杯型转子交流伺服电动机的结构
1—杯型转子;2—外定子;3—内定子;4—机壳;5—端盖

(2) 工作原理

交流伺服电动机的工作原理与单相电容运行异步电动机类似。交流伺服电动机在没有控制电压时,定子内只有励磁绕组产生的脉动磁场,转子静止不动。当有控制电压时,定子内便产生一个旋转磁场,转子沿旋转磁场的方向旋转。在负载恒定的情况下,电动机的转速随控制电压的大小而变化,当控制电压的相位相反时,伺服电动机将反转。交流伺服电动机必须具备一个性能,就是能克服交流伺服电动机的所谓"自转"现象,即无控制信号时,它不应转动,特别是当它已在转动时,如果控制信号消失,它应能立即停止转动,解决伺服电动机"自转"现象的方法是增大转子电阻。

交流伺服电动机的控制方法主要有幅值控制、相位控制和幅相控制三种。

2. 现代伺服电动机

现代交流伺服系统是一种新型高效能的机电一体化装置,主要包括电动机本体和驱动控制器,控制器多采用单片机、DSP 或专用集成电路芯片。现代交流伺服电动机有三相交流永磁伺服电动机和三相交流异步伺服电动机两种。三相交流永磁伺服电动机由于效率和体积方面的优势,已成为伺服技术的主题,下面以交流永磁伺服电动机为例进行讲解。

(1) 伺服电动机的结构

如图 T1-4-6 所示,永磁伺服电动机主要由三部分组成:定子、转子和检测元件。其中定子有齿槽,内有三相绕组,形状与普通感应电动机的定子相同。但其外部多呈多边形,且无外壳,以利于散热,避免电动机发热对机床精度的影响。

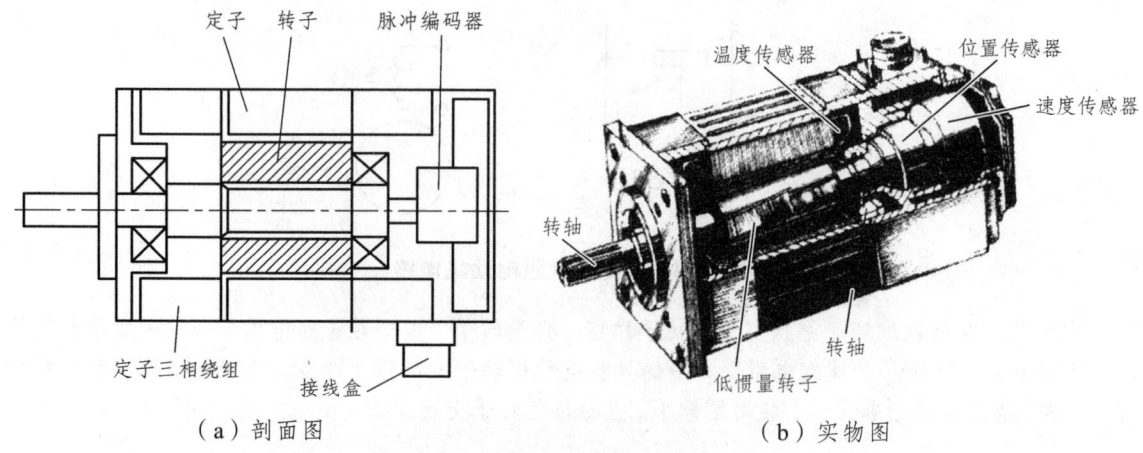

图 T1-4-6 交流永磁伺服电动机的结构

（2）基本工作原理

交流伺服电动机的定子装有三相对称的绕组，而转子是永久磁极。当定子绕组中通过由驱动器控制的 U/V/W 三相电源后，定子与转子之间必然产生一个旋转磁场，这个旋转磁场的转速称为同步转速。转子在此磁场的作用下转动（电动机的转速也就是磁场的转速），同时电动机自带的编码器反馈信号给驱动器，驱动器根据反馈值与目标值进行比较，以调整转子转动的角度。伺服电动机的精度决定于编码器的精度（线数），即交流伺服电动机的控制精度由电动机轴后端的旋转编码器保证。

由于交流伺服电动机的转子有磁极，所以在极低频率下电动机也能旋转运行。因此，交流伺服电动机比异步电动机的调速范围更宽。而与直流伺服电动机相比，它没有机械换向器，特别是它没有碳刷，完全排除了换向时产生火花对机械造成的磨损，另外，交流伺服电动机自带一个编码器，可以随时将电动机运行的情况"报告"给驱动器，驱动器又根据得到的"报告"更精确地控制电动机的运行。由此可见，交流伺服电动机的优点确实很多，技术含量也高，但价格也相对较高，尤其是对交流伺服电动机的调试技术的要求也高。

（3）永磁伺服电动机的性能

① 交流伺服电动机的机械特性比直流伺服电动机的机械特性要硬，其直线更为接近水平线；另外，断续工作区范围更大，尤其是高速区，这有利于提高电动机的加、减速能力。

② 高可靠性。用电子逆变器取代了直流电动机的换向器和电刷，工作寿命由轴承决定。因无换向器及电刷，也省去了此项目的保养和维护。

③ 主要损耗在定子绕组与铁芯上，故散热容易，便于安装热保护；而直流电动机损耗主要在转子上，散热困难。

④ 转子惯量小，其结构允许高速工作。

⑤ 体积小，质量小。

（4）伺服电动机与步进电动机的性能比较

步进电动机作为一种开环控制的系统，和现代数字控制技术有着本质的联系。在目前国内的数字控制系统中，步进电动机的应用十分广泛。随着全数字式交流伺服系统的出现，交流伺服电动机也越来越多地应用于数字控制系统中。为了适应数字控制的发展趋势，运动控制系统中大多采用步进电动机或全数字式交流伺服电动机作为执行电动机。虽然两者在控制方式上相似（脉冲串和方向信号），但在使用性能和应用场合上存在着较大的差异。现就二者的使用性能作一比较。

a. 控制精度不同

两相混合式步进电动机的步距角一般为 1.8°、0.9°，五相混合式步进电动机的步距角一般为 0.72°、0.36°。也有一些高性能的步进电动机通过细分后步距角更小。

b. 低频特性不同

步进电动机在低速时易出现低频振动现象。振动频率和负载情况与驱动器性能有关，一般认为振动频率为电动机空载起跳频率的一半。当步进电动机工作在低速时，一般应采用阻尼技术来克服低频振动现象。

交流伺服电动机运转非常平稳，即使在低速时也不会出现振动现象。

c. 矩频特性不同

步进电动机的输出力矩随转速升高而下降，且在较高转速时会急剧下降，所以其最高工作转速一般在 300~600RPM。交流伺服电动机为恒力矩输出，即在其额定转速（一般为 2000RPM 或 3000RPM）以内，都能输出额定转矩，在额定转速以上为恒功率输出。

d. 过载能力不同

步进电动机一般不具有过载能力。交流伺服电动机具有较强的过载能力。步进电动机因为没有这种过载能力，在选型时为了克服这种惯性力矩，往往需要选取较大转矩的电动机，而机器在正常工作期间又不需要那么大的转矩，所以会导致力矩浪费的现象。

e. 运行性能不同

步进电动机的控制为开环控制，启动频率过高或负载过大易出现丢步或堵转的现象，停止时转速过高易出现过冲的现象，所以为保证其控制精度，应处理好升速和降速问题。交流伺服驱动系统为闭环控制，驱动器可直接对电动机编码器的反馈信号进行采样，内部构成位置环和速度环，一般不会出现步进电动机的丢步或过冲的现象，控制性能更为可靠。

f. 速度响应性能不同

步进电动机从静止加速到工作转速（一般为每分钟几百转）需要 200~400 ms。交流伺服系统的加速性能较好，从静止加速到其额定转速 3000RPM 仅需几毫秒，可用于要求快速启/停的控制场合。

综上所述，交流伺服系统在许多性能方面都优于步进电动机。但在一些要求不高的场合也经常采用步进电动机来做执行电动机。所以，在控制系统的设计过程中，要综合考虑控制要求、成本等多方面的因素，选用适当的控制电动机。

【思考与提高】

1. 什么是"自转"现象，交流伺服电动机如何消除"自转"现象？
2. 如何改变两相伺服电动机的转向？
3. 空心杯型直流伺服电动机有什么特点？
4. 与直流伺服电动机相比，交流永磁伺服电动机有什么优点？

技能篇 典型电气控制线路的分析与安装调试

目前,很多企业大量采用了自动生产线、自动装配线、加工机床等设备,虽然在这些设备中广泛采用以可编程控制器为核心的控制系统,但也有很大一部分小型设备仍然采用以交流电动机作为原动机而用继电器-接触器系统进行控制。一个设备的电气控制线路可以很简单,也可以很复杂,但是任何复杂的电气控制线路都可以由一些简单的典型控制线路有机组合而成。本篇主要以三相交流异步电动机为被控对象讲解典型电气控制线路的组成、工作原理、原理图的分析方法以及电气控制线路的安装调试方法,为后续掌握复杂电气控制线路的工作原理、故障分析和处理奠定基础。

任务1 三相交流异步电动机直接启动控制线路的分析与安装调试

在实际生产过程中,当某一台设备进行加工生产时,常要求利用三相交流异步电动机作为原动机带动运动部件。将电源电压全部加到定子绕组上的启动方法称之为三相交流异步电动机的直接启动,这种直接启动的方式主要用于小容量的电动机的启动控制中。有时会根据任务需求,要求电动机实现点动、连动控制,有时也会提出多地、多条件控制的要求。

【学习目标】

1. 规范与标准

了解相关行业及国家规范与标准。重点是:《机床电气设备通用技术条件国家标准》GB5226—85,《电气传动控制设备第一部分——低压电器电控设备国家标准》GB4720,《电气设备安全设计导则》GB4064—83,《国家电气设备安全技术规范》GB19517—2004,《用电安全导则》GBT13869—92、GB5226—85,《电气简图用图形符号》GB/1-47287—2000、GB/1-47288—2000。

2. 知识目标

掌握按钮、接触器、中间继电器、熔断器、热继电器、开关等相关电气元件的结构、使用方法、工作原理及其在电气控制线路中的作用,掌握国家及行业的相关电气电路制图标准及规范,理解电气控制技术中自锁的概念,掌握电气控制线路图的绘制、分析及安装调试方法。

3. 技能目标

能根据实际要求,按照相关行业及国家规范与标准绘制三相交流异步电动机直接启动控制原理图并分析其工作原理；能参照元件选型手册正确选配合适的电气元件并完成三相交流异步电动机的连续运转、点动控制、多条件控制和多地控制以及电气安装接线。

【相关知识】

一、电气符号及系统图的基本概念

1. 电气符号的基本概念

电气元件是一种能够根据外界信号的要求，接通或者断开电路以实现电路的控制、保护、检测和调节等作用的电气设备。按照工作电压的等级，分为高压电气元件和低压电气元件。在电气图纸中，电气元件往往以电气符号的形式出现，加以表述。电气元件的电气符号一般包含文字符号和图形符号两部分，二者共同存在以表述某一元件。

当利用图形符号表示电气元件的触点时，一般是按照电气元件不受外力时的常态表示。电气元件的触点的图形符号一般具有常开和常闭两种状态，触点的动触片一般按照顺时针动作使触点状态发生变化的原则进行绘制。

电气图中的文字符号是用于标明电气设备、装置和元器件的名称、功能、状态和特征的，可在电气设备、装置和元器件上或其近旁使用，以表明电气设备、装置和元器件种类的字母代码和功能字母代码。电气图中的文字符号分为基本文字符号和辅助文字符号。

（1）基本文字符号

基本文字符号分为单字母符号和双字母符号两种。

单字母符号是用拉丁字母将各种电气设备、装置和元器件划分为 23 大类，每一类用一个字母表示。例如，"R"代表电阻器，"M"代表电动机，"C"代表电容器等。

双字母符号是由一个表示种类的单字母符号与另一个字母组成，并且是单字母符号在前，另一个字母在后。双字母中后面的字母通常是该类设备、装置和元器件的英文名称的首位字母，这样，双字符号可以较详细和更具体地表述电气设备、装置和元器件的名称。例如，"RP"代表电位器，"RT"代表热敏电阻，"MD"代表直流电动机，"DC"代表直流，"IN"代表输入，"S"代表信号。

（2）辅助文字符号

辅助文字符号一般放在单字母文字符号后面，构成组合双字母符号。例如，"Y"是电气操作机械装置的单字母符号，"B"是代表制动的辅助文字符号，"YB"代表制动电磁铁的组合符号。辅助文字符号也可以单独使用。例如，"ON"代表发生动作，"N"代表中性线。

（3）补充文字符号的原则

如基本文字符号和辅助文字符号不能满足使用要求，可按国家标准的符号组成规则进行补充。

① 在不违背国家标准的情况下，可采用国际标准中规定的电气技术符号。

② 在优先采用标准中规定的单字母符号、双字母符号和辅助文字符号的前提下，可补充标准中未列出的双字母符号和辅助文字符号。

③ 文字符号应由有关电气名词术语的国家标准或专业标准中规定的英文术语缩写而成。基本文字符号不得超过两个字母，辅助文字符号一般不超过三个字母。

④ 因拉丁字母"I"和"O"易同阿拉伯数字"1"、"0"混淆，不允许单独作为文字符号使用。

2. 电气系统图的基本概念

电气系统图主要包括电气原理图、电气布置图、电气安装接线图。为了准确表述电气控制系统图的结构、原理，便于对电气元件进行安装、调试、使用和维修维护，绘制电气系统图时，应使用统一规定的电气符号。

（1）电气原理图

电气原理图是利用导线等设备将各种继电器、接触器、按钮、行程开关等电气元件的触点、线圈等结构按照一定的方式进行连接。其作用是实现对被控制设备的启动、反转、制动等性能进行控制。

电气原理图用图形符号和文字符号表示电路中各个电气元件的各部分之间的连接关系和工作原理，它并不反映电气元件的实际大小和安装位置。电气原理图一般分电源电路、主电路、控制电路和辅助电路。在绘制和分析电气原理图的时候，应该注意相应的原则，如图 2-1-1 所示。

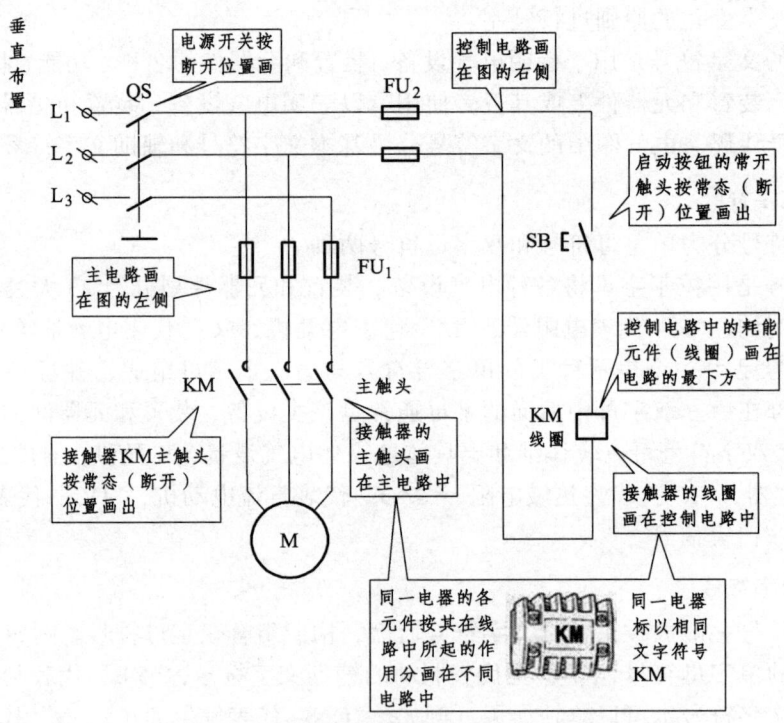

图 2-1-1　电气控制线路图的绘制原理示意图

① 电源电路画成水平线，三相交流电源相序 L_1、L_2、L_3 自上而下依次画出，中线和保护地线依次画在相线之下。直流电源"+"端在上，"-"端在下。

② 主电路在电路图的左侧并垂直于电源电路，它一般由主熔断器、接触器的主触点、热继电器的发热元件及电动机组成。主电路会通过较大的电动机工作电流。

③ 控制电路控制主电路的工作状态，它由主令电器的触点、接触器线圈及辅助触点、继电器线圈及触点等组成。一般按从左至右、从上至下的排列来表示操作顺序，控制电路的电流一般较小，不超过 5 A。

④ 辅助电路显示主电路的工作状态、提供局部照明，它也是由主令电器的触点、接触器线圈及辅助触点、继电器线圈及触点等组成。一般按从左至右、从上至下的排列来表示指示顺序，辅助电路的电流一般比控制电路的电流还小。

⑤ 在电路中，各电气元件的触点的位置都是按电路未接通或电气元件未受外力作用时的常态位置画出。

⑥ 在电路图中，同一电气元件的不同部件不按实际位置画在一起，而是按其在电路中所起的作用分别画在不同电路中，它们的动作却又是相互关联的，用相同的文字符号标注。

⑦ 电路图采用电路编号：主电路在电源开关的出线端按相序依次编为 U_{11}、V_{11}、W_{11}。然后按从上至下、从左至右的顺序，每经过一个元件后编号递增；辅助电路的编号按照"等电位"的原则以从上至下、从左至右的顺序用数字依次编号，每经过一个电气元件后，编号递增。

⑧ 为适应不同需求，可将图形符号根据需要放大或缩小，但各符号相互间的比例应保持不变。图形符号绘制时方位不是强制的，在不改变符号本身含义的前提下，可以将图形符号根据需要旋转或成镜像放置。

⑨ 在图形符号中，某些设备元件有多个图形符号，在选用时，应该尽可能选用优选形。在能够表达其含义的情况下，尽可能采用最简单形式，在同一图号的图中使用时，应采用同一形式。图形符号的大小和线条的粗细应基本一致。

⑩ 电气元件的数据和型号，一般用小号字体标注在电气代号下面。例如图 2-1-1 中，FR 下面的数据表示热继电器动作电流值的范围和整定值的标注。

（2）电气元件布置图和电气安装接线图

电气元件布置图和电气安装接线图的设计目的是为了满足电气控制设备的安装、调试、使用和维修等需要。在完成电气原理图的设计及电气元件选择之后，即可进行电气元件布置图的设计及电气安装接线图的设计。

a. 确定电气元件的位置

在一个完整的自动控制系统中，由于各种电气元件所起的作用不同，各自安装的位置也不同。因此，在进行电气元件布置图的设计之前，应根据电气元件各自安装的位置划分组件。

同一组件内，电气元件的布置应满足以下原则：

① 体积较大和较重的元件应安放在电气板的下面，发热元件应安放在电气板的上面。
② 强电与弱电分开，应注意屏蔽，防止外界干扰。
③ 需要经常维护、检修、调整的电气元件，安装不要过高或过低。
④ 电气元件的布置应考虑整齐、美观、对称。结构和外形尺寸较类似的电气元件应安放在一起，以利于安装、加工、配线。
⑤ 各种电气元件的布置不宜过密，要有一定的间距。

b. 绘制电气元件布置图

各种电气元件的位置确定以后，即可进行电气元件布置图的绘制。电气元件布置图应根据电气元件的外形尺寸进行绘制，有时要求标出各电气元件之间的间距尺寸。其中，每个电气元件的安装尺寸及其公差范围应严格按其产品手册标准进行标注，以作为安装加工底板的依据，保证电气元件顺利安装。图 2-1-2 所示是某设备的电气元件布置图。

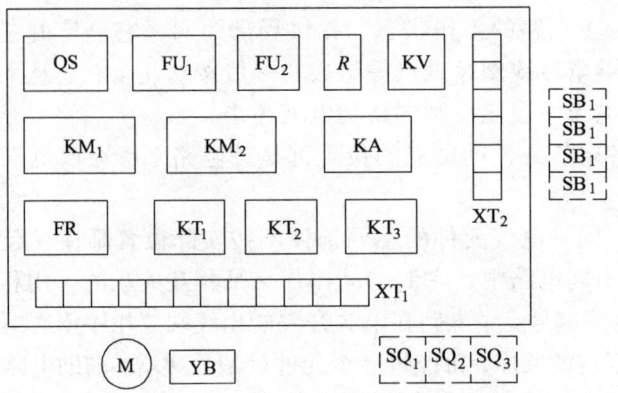

图 2-1-2 某设备的电气元件布置图

在电气元件布置图中，还要根据本部件进、出线的数量和采用导线的规格，选择进、出线方式及适当的接线端子板或插接件，按一定顺序在电气元件布置图中标出进、出线的接线号。为便于施工，在电气元件的布置图中往往还要留有 10% 以上的备用面积及线槽位置。

c. 绘制电气安装接线图

电气安装接线图是根据电气原理图和电气元件布置图进行绘制的，按照电气元件布置最合理、连接导线最经济等原则来进行安排，为安装电气设备、电气元件间的配线及电气故障的查找等提供依据。图 2-1-3 所示是某设备的电气安装接线图。

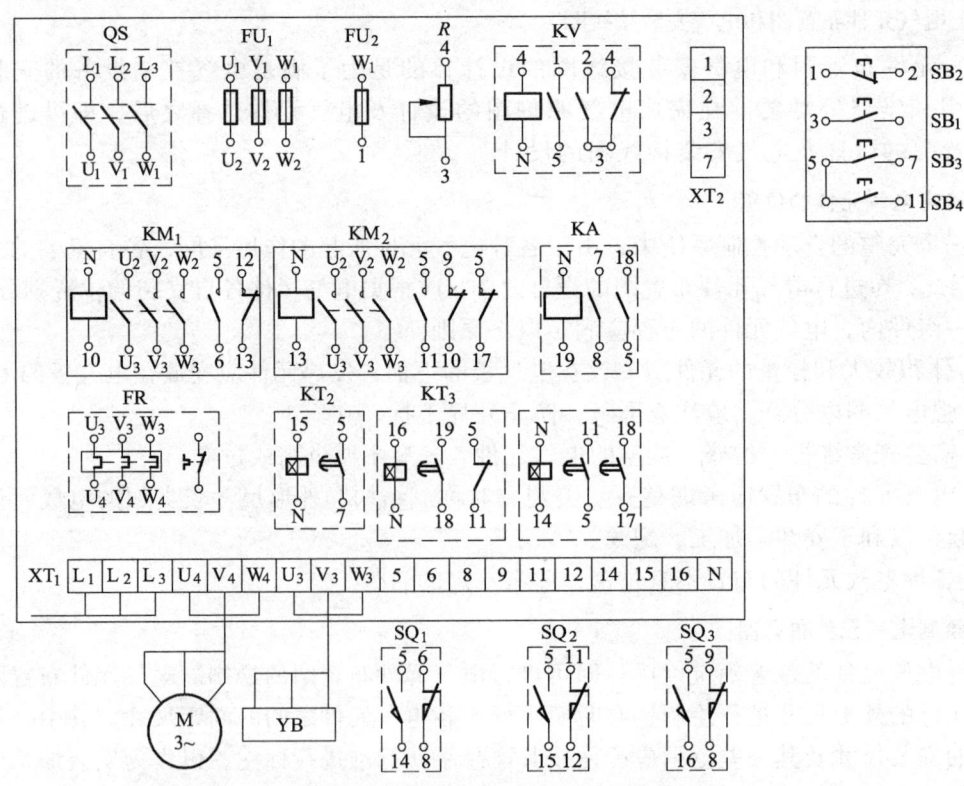

图 2-1-3 某设备的电气安装接线图

电气安装接线图的绘制应遵循以下原则：

① 在接线图中，各元件的相对位置应与实际安装的相对位置一致。各电气元件按其外形尺寸以统一比例绘制。

② 一个元件的所有部位必须画在一起，并用点画线框起来。

③ 各电气元件上凡是需要接线的端子均应予以编号，且与电气原理图的编号相一致。

④ 在接线图中，所有电气元件的符号、各接线端子的编号和文字符号必须与原理图中的一致，且符合国家的有关规定。

⑤ 电气安装接线图一律采用细实线。成束的接线可以用一条实线表示。接线很少时，可直接画出电气元件间的接线方式；接线很多时，接线方式用符号标注在电气元件的接线端，表明接线的线号和走向，可以不画出两个元件间的接线。

⑥ 在接线图中应标明配线的电线型号、规格、标称截面。穿管和成束的接线还应标明穿管的种类、内径、长度等以及接线根数、接线编号。

⑦ 安装底板内外的电气元件之间的连线需要通过接线端子板进行。

⑧ 标明有关接线安装的技术条件。

3. 电气控制线路的安装与调试方法

继电器-接触器控制系统在完成电气控制线路的设计、电气元件的选择之后，下一步就是进行电气设备的安装与调试。

电气安装接线图是表示电气元件在设备中的实际位置和实际接线情况。各种电气元件的安装位置是由设备的结构和工作要求决定的，如电动机要与被拖动的机械部件在一起，行程开关要放在获取信号的地方，操作元件要放在方便操作的地方，一般电气元件应放在电气控制柜内。

一般情况下，电气控制线路的安装调试依据的是电气安装接线图，有时电气控制线路安装与调试的依据是电气控制线路原理图和选定的电气元件明细表。电气控制线路安装完成后，在投入运行前，为了确保安全和可靠工作，必须进行认真细致的检查、试验与调整。其主要步骤是：

① 检查电气图纸。在配线前，根据电气控制图纸，仔细检查是否准确无误，特别要注意线路标号与接线板触点标号是否一致。

② 检查电气元件。对照电气元件明细表逐个检查所装电气元件的型号、规格是否相符，产品是否完好无损，特别要注意线圈额定电压是否与工作电压相等。

③ 检查接线是否正确。对照电气控制电路图认真检查接线是否正确。为判断导线是否有断线或接触是否良好，可借助万用表上的欧姆挡在断电的情况下进行。

④ 进行绝缘试验。为了确保绝缘可靠，必须进行绝缘试验。试验时将电容器、线圈短接，隔离变压器二次接地。对于主电路以及与主电路相连接的辅助电路，加 2 500 V 电压 1 min；不与主电路相连接的辅助电路应能承受 2 倍额定电压再加 1 000 V 历时 1 min 而不被击穿。

⑤ 检查、调整电路动作的正确性。在上述检查通过后，就可通电检查电路的动作情况。通电检查可按控制环节一部分一部分地进行。应注意观察各电气元件的动作顺序是否正确，指示装置的指示是否正常。在各部分电路完全正确的基础上才可进行整个电路的系统检查。在这一过程中常伴有一些电气元件的调整，往往需配合钳工师傅、操作人员协同进行，直至

全部电路符合工艺和设计要求,这时控制系统的设计与安装工作才算全部完成。

二、基本电气元件

1. 刀开关

刀开关在低压电路中用于不频繁地接通和分断额定电流以下的负载(如小型电动机等)或用于隔离电路与电源,又称闸刀开关、电源隔离开关或电源引入开关。

典型刀开关的结构如图 2-1-4 所示,它主要由手柄、触刀、静插座和底板等部分组成。

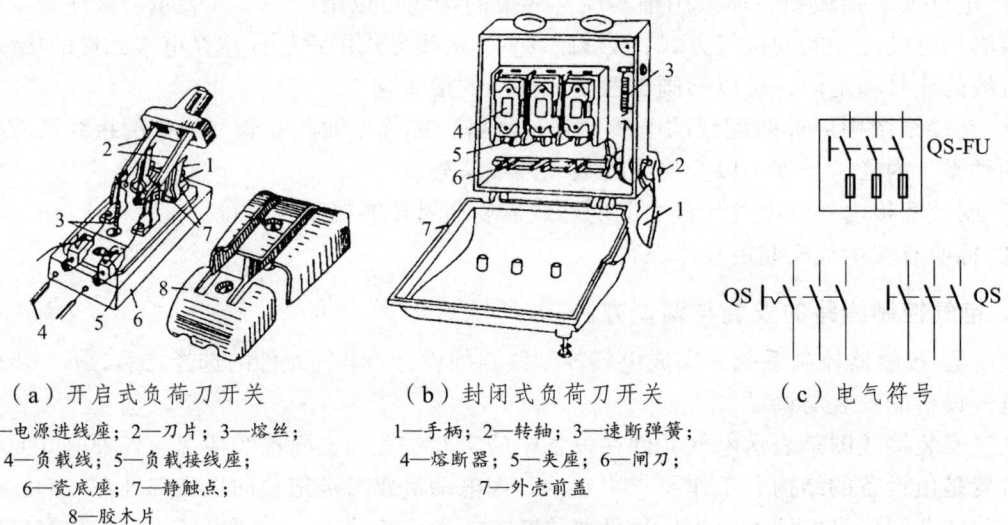

(a)开启式负荷刀开关
1—电源进线座;2—刀片;3—熔丝;
4—负载线;5—负载接线座;
6—瓷底座;7—静触点;
8—胶木片

(b)封闭式负荷刀开关
1—手柄;2—转轴;3—速断弹簧;
4—熔断器;5—夹座;6—闸刀;
7—外壳前盖

(c)电气符号

图 2-1-4 刀开关的典型结构及符号

刀开关按极数分为单极、双极和三极;按操作方式分为直接手柄操作式、杠杆操作机构式和电动操作机构式;按刀开关转换方向分为单投式和双投式等;按其结构及功能分为一般刀开关、胶盖刀开关和熔断器式刀开关。

刀开关的电气符号如图 2-1-4(c)所示,连接虚线表示三相应同时动作,左端为手动符号。

(1)刀开关的选用

不同种类的刀开关的选用方法基本相同,主要是根据负载的具体情况进行选用。

① 纯电阻负载(电灯和电热负载):刀开关的额定电流 I_{SN} 应不小于所有负载的额定电流 I_{LN} 之和,即

$$I_{SN} \geqslant \sum I_{LN}$$

② 电感性负载(电力负载):对于单台电动机,除了满足刀开关的额定电流 I_{SN} 应不小于电动机的额定电流 I_N 以外,还必须满足刀开关内熔断体的额定电流 I_{FUN} 应不小于(1.5~2.5)倍电动机的额定电流 I_N,即

$$I_{SN} \geqslant I_N, \qquad I_{FUN} \geqslant (1.5 \sim 2.5) I_N$$

(2)刀开关的安装

任何电气元件的安装高度,应符合人体工程规定并避免 6 岁以下儿童触摸。

① 刀开关必须垂直安装，安装高度一般离地不低于 1.5～1.6 m 左右，并以操作方便和安全为原则。

② 刀开关安装时应做到垂直安装，使闭合操作时的手柄操作方向从下向上合，断开操作时的手柄操作方向从上向下分，不允许采用平装或倒装，以防止产生误合闸。

③ 接线时，电源进线应接在刀开关上面的进线端上，用电设备应接在刀开关下面熔体后的出线端子上，使刀开关断开后，刀开关的熔体上不带电。

④ 安装后应检查刀开关的刀体和静插座的接触是否成直线和紧密。

⑤ 更换熔体必须按原规格在刀开关断开的情况下进行。

2. 组合开关

组合开关是一种小型的手动开关，有时也称之为转换开关。有时候在一些小的、结构比较紧凑的电气控制柜中，经常会采用组合开关来实现相应的配电控制。

HZ10 系列组合开关的外形、结构及电气符号如图 2-1-5 所示。

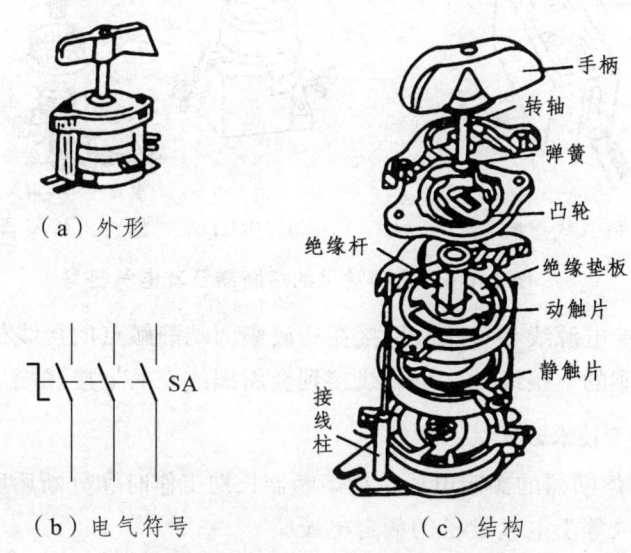

图 2-1-5　HZ10 系列组合开关

组合开关用于电源的引入时，应根据电流大小、电压等级、所需触点数量及电动机容量进行选择。当用于控制 7 kW 以下电动机的启动、停止时，组合开关的额定电流应等于电动机额定电流的 3 倍。若不直接用于启动和停止电动机，则其额定电流只需稍大于电动机的额定电流。

3. 熔断器

在三相交流异步电动机通电运转的过程中，短路故障造成的危害是相当大的。为了避免短路故障对电气控制线路及设备产生危害，我们一般还需要在使用刀开关或组合开关的线路中另外加上熔断器来加强线路的短路保护功能。

熔断器是一种应用广泛的简单有效的保护电气元件。在使用中，熔断器中的熔体（也称为保险丝）串联在被保护的电路中，当该电路发生短路故障时，即通过熔体的电流达到或超过了熔断值时，熔体上产生的热量便会使其温度升高到熔体的熔点，导致熔体自行熔断，达到保护电路的目的。熔断器中熔体熔断的时间与所通过的电流之间的关系如表 2-1-1 所示，这种关系称为熔断器的安秒特性或反时限特性。

表 2-1-1 常用熔断器的安秒特性

熔体通过电流 / A	$1.25I_{FUN}$	$1.6I_{FUN}$	$1.8I_{FUN}$	$2I_{FUN}$	$2.5I_{FUN}$	$3I_{FUN}$	$4I_{FUN}$	$8I_{FUN}$
熔断时间 / s	∞	3 600	1 200	40	8	4.5	2.5	1

注：I_{FUN} 是熔断器内熔体的额定电流。

（1）熔断器的结构及电气符号

常见熔断器的外形、结构及电气符号如图 2-1-6 所示，其文字符号为 FU。

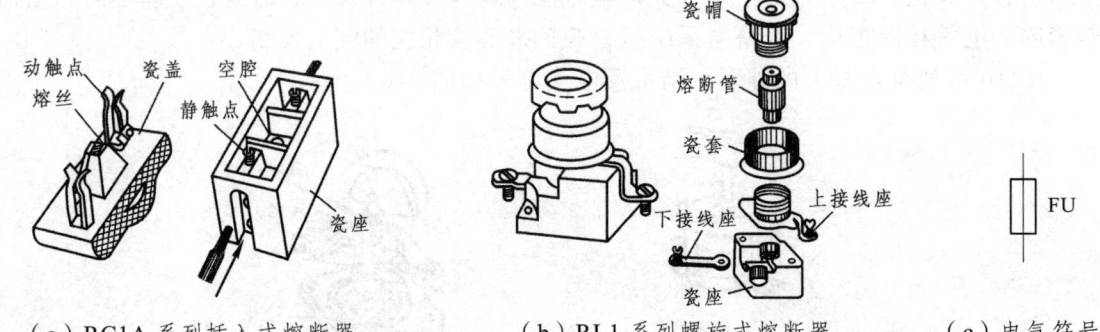

（a）RC1A 系列插入式熔断器　　（b）RL1 系列螺旋式熔断器　　（c）电气符号

图 2-1-6 几种常见的熔断器及其电气符号

瓷插式熔断器的电源线和负载分别接在瓷底座两端静触点的接线柱上，螺旋式熔断器电源线应当接在瓷底座的下接线端，负载线接到金属螺纹壳的上接线端。

（2）熔断器的主要技术参数

① 额定电压。熔断器的额定电压是指熔断器长期工作时和分断后所能够承受的电压，选用时，其值应大于或等于电气设备的额定电压。

② 额定电流。熔断器的额定电流是指熔断器长期工作时，各部件温升不超过规定值所能够承受的电流。熔断器的额定电流等级比较少，而熔体的额定电流等级比较多，即在一个电流等级的熔断管内可以分装不同额定电流等级的熔体，但熔体的额定电流最大不能超过熔断管的额定电流。

③ 极限分断能力。熔断器的极限分断能力是指在规定的额定电压和功率因数（或时间常数）的条件下，能分断的最大短路电流值。在电路中出现的最大电流值一般是指短路电流值。所以，极限分断能力也反映了熔断器分断短路电流的能力。

（3）熔断器的选择

a. 类型选择

选择熔断器的类型时，主要根据线路要求、使用场合、安装条件、负载要求的保护特性和短路电流的大小等来进行。

b. 额定电压的选择

额定电压应大于或等于线路的工作电压。

c. 熔体额定电流的选择

① 对于电炉、照明等无尖锋电流的电阻性负载的短路保护,应使熔体的额定电流 I_{FUN} 等于或稍大于电路的工作电流 I,即

$$I_{FUN} \geqslant I$$

② 保护一台电动机时,考虑到启动电流的影响,可分别按下式选择:

$$I_{FUN} \geqslant (1.5 \sim 2.5)I_N \quad (不频繁启、停和长期工作)$$

$$I_{FUN} = (3 \sim 3.5)I_N \quad (频繁启、停且可以长期工作)$$

式中,I_N 为电动机的额定电流。

③ 保护多台电动机时,可按下式计算:

$$I_{FUN} \geqslant (1.5 \sim 2.5)I_{Nm} + \sum I_N$$

式中:I_{Nm} 为多台电动机中的最大额定电流;$\sum I_N$ 为其余电动机额定电流之和。

d. 熔断器额定电流的选择

熔断器的额定电流必须大于或等于所装熔体的额定电流。

(4) 熔断器的安装和使用

① 熔断器在柜内或板上安装时,应留有足够大的空间。底座应固定牢固,不要偏斜,触头连接应可靠,导线上进下出。螺旋式熔断器进线应接在底座的中心端上,出线应接在螺纹壳上,以防调换熔体时发生触电事故。有熔断指示的熔芯,其指示器方向应装在便于观察的一侧。

② 熔体的更换。更换熔体时,一定要切断电源,以免触电。线路无法停电时,应先断开负载,并采用专用的绝缘手柄来更换。切不可带负荷更换,否则易产生电弧,引起事故。

③ 应使用与原来同材料、同规格的熔体,不能随便加粗熔体,或用其他金属丝代替。

④ 安装熔丝时,沿螺栓顺时针方向弯转,上加垫圈拧紧,不要被挤出,不能碰伤,保证两端接触良好。

4. 空气开关

空气开关又称为断路器或自动开关,其作用是:不仅可以在正常工作时不频繁接通或断开电路,而且当电路发生过载、短路或失压等故障时,能自动跳闸切断故障电路,从而达到保护电路的目的。

(1) 空气开关的外形及电气符号

空气开关的外形及电气符号如图 2-1-7 所示。

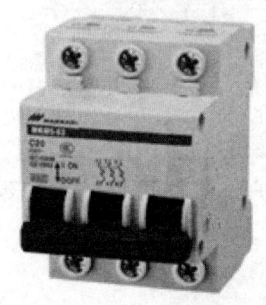 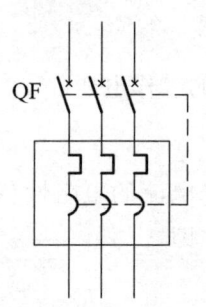 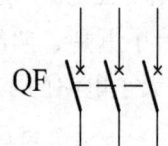

（a）外形结构　　　　　　（b）电气符号　　　（c）简要电气符号

图 2-1-7　空气开关

（2）空气开关的工作原理

空气开关的工作原理如图 2-1-8 所示。自动开关的主触点是通过操作机构手动或电动合闸的，并且自由脱扣机构将主触点锁在合闸位置上。如果电路发生故障，自由脱扣机构在有关脱扣器的推动下动作，使钩子脱开，于是主触点在弹簧作用下迅速分断。过电流脱扣器 3 的线圈和热脱扣器 4 的热元件与主电路串联，失压脱扣器 5 的线圈与电路并联。当电路发生短路或严重过载时，过电流脱扣器 3 的衔铁被吸合，使自由脱扣机构动作。当电路过载时，热脱扣器 4 的热元件产生的热量增加，使双金属片向上弯曲，推动自由脱扣机构动作。当电路失压时，失压脱扣器 5 的衔铁释放，也使自由脱扣机构动作。

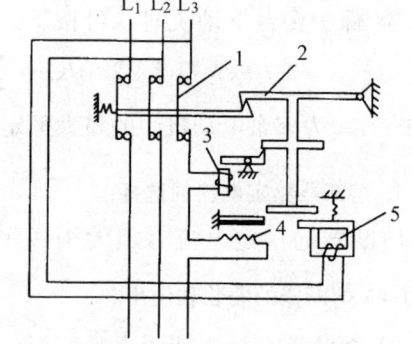

图 2-1-8　空气开关的原理图
1—主触点；2—自由脱扣机构；3—过电流脱扣器；
4—热脱扣器；5—失压脱扣器

（3）空气开关的选用

选择空气开关时，应使空气开关的额定电压和额定电流大于电路的正常工作电压和最大工作电流。热脱扣器的整定电流应与所控制电动机的额定电流或负载额定电流相等。电磁脱扣器的瞬时脱扣整定电流应大于负载电路正常工作时的尖峰电流。空气开关用于控制单台电动机时，电磁脱扣器的瞬时脱扣整定电流应不小于电动机启动电流的 1.5～1.7 倍；空气开关用于控制多台电动机时，电磁脱扣器的瞬时脱扣整定电流 I_Z 应按下列公式进行计算：

$$I_Z \geq k(I_{stm} + 电路中的其他工作电流)$$

式中，$k = 1.5 \sim 1.7$；I_{stm} 为几台电动机中的最大启动电流。

5. 热继电器

一般情况下，电动机若遇到频繁启、停操作或运转过程中负载过重（过载）或缺相，都可能会引起电动机定子绕组中的负载电流长时间超过额定工作电流，而熔断器的保护特性使得它可能暂时不会熔断，所以必须采用热继电器对电动机实行过载保护。有些场合，也可以利用热继电器实现电动机的断相保护。

（1）热继电器的外形结构

图 2-1-9 所示为热继电器的外形结构。从结构上看，热继电器的热元件由两极（或三极）双金属片及缠绕在外面的电阻丝组成。双金属片是由热膨胀系数不同的金属片压合而成，使用时，电阻丝直接反映电动机的定子回路电流。

图 2-1-9 热继电器的外形结构

（2）热继电器的工作原理及电气符号

热继电器的工作原理示意图及电气符号如图 2-1-10 所示。

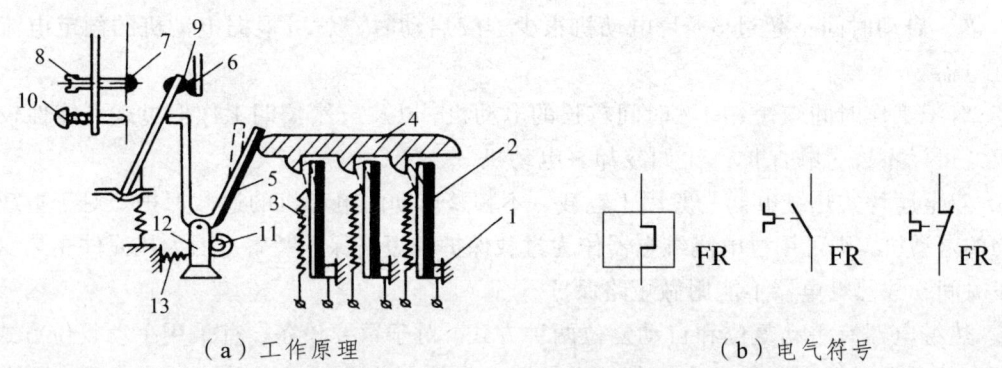

（a）工作原理　　　　　　　　　（b）电气符号

图 2-1-10 热继电器的工作原理示意图及电气符号

1—接线端子；2—主双金属片；3—热元件；4—推动导板；5—补偿双金属片；
6—常闭触头；7—常开触头；8—复位调节螺钉；9—动触头；
10—复位按钮；11—偏心轮；12—支撑件；13—弹簧

当电动机过载时，流过电阻丝（热元件）的电流增大，电阻丝产生的热量使金属片弯曲，经过一定时间后，弯曲位移增大，因而脱扣，使串联在控制电路的常开触点断开，从而切断接触器 KM 线圈的电路，主触点断开，电动机脱离电源停转，同时常开触点闭合。

热继电器触点动作切断电路后，电流为零，则电阻丝不再发热，双金属片冷却到一定值时恢复原状，于是常闭和常开触点可以复位。另外也可通过调节螺钉，使触点在动作后不自动复位，而必须按动复位按钮才能使触点复位。这很适用于某些要求故障未排除而防止电动机再次启动的场合。不能自动复位对检修时确定故障范围也是十分有利的。

热继电器触点的动作时间与发热元件中所流经的电流的大小之间成反时限关系，表 2-1-2 所示为两者之间的经验值。

表 2-1-2　热继电器的保护特性

热继电器整定电流倍数（与被保护设备额定电流之比）	1.0	1.2	1.5	6
动作时间	∞	< 20 min	< 2 min	> 5 s

（3）热继电器的选用与维护

热继电器的选用是否得当，直接影响着对电动机进行过载保护的可靠性。

① 结构形式的选取：热继电器有两相式、三相式和三相带断电保护等形式。星形接法的电动机或电源对称性较好的电动机可选用两相式或三相式结构的热继电器；三角形接法的电动机应选用三相带断电保护的形式。

② 额定电流的选取：热继电器的额定电流是指发热元件的额定电流。原则上，热继电器的额定电流应根据电动机的额定电流来选择，即

$$I_{FRN} = (0.95 \sim 1.05)I_N$$

式中，I_{FRN} 为热继电器的发热元件的额定电流，I_N 为电动机的额定电流。

但对于过载能力较差的电动机，其配用的热继电器的额定电流应适当小一些，一般选取热继电器的额定电流为电动机额定电流的 0.6 ~ 0.8 倍。通常，当电动机的启动电流为额定电流的 6 倍、启动时间不超过 6 s 且电动机很少连续启动时，就可根据电动机的额定电流来选择热继电器。

③ 对于工作时间较短、间歇时间较长的电动机，以及虽然长期工作但过载可能性较小的电动机，可以不设过载保护，比如冷却泵电动机。

④ 双金属片式热继电器一般用于轻载、不频繁启动的电动机的过载保护。对于重载、频繁启动的电动机，则可用过电流继电器作为过载保护和短路保护装置。因为热元件受热变形需要一段时间，故热继电器不能用做短路保护。

⑤ 热继电器有手动复位和自动复位两种方式。对于重要设备，宜采用手动复位方式；如果热继电器和接触器安装地点离操作地点较远，且从工艺上又易于看清过载情况，则宜采用自动复位方式。

另外，热继电器必须安装在其他电器的下方，以免受其他电器发热的影响。

6. 交流接触器

接触器是一种应用很广泛的自动控制电气元件。它可以用来频繁地远距离接通或断开大容量的交直流负载电路，具有在电源电压消失或降低到某一定值以下时自动释放而切断电路的零压及欠压保护功能。接触器按其主触点通过电流的种类不同，可分为直流接触器和交流接触器两种，在以三相交流异步电动机为被控对象的继电器-接触器控制电路中，多数采用交流接触器来完成电动机的启动和停止控制。

（1）交流接触器的结构

常见交流接触器的外形结构及辅助触点如图 2-1-11 所示。

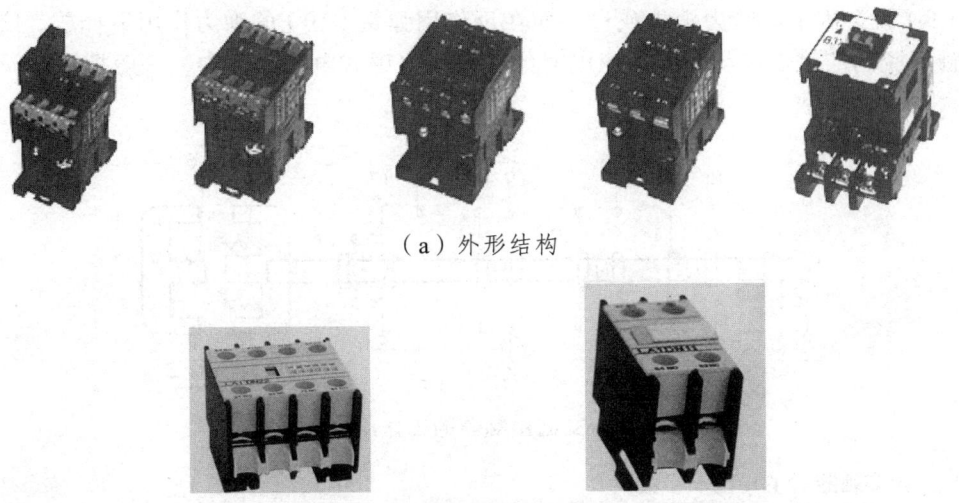

（a）外形结构

（b）辅助触点

图 2-1-11　交流接触器的外形及辅助触点

交流接触器主要由电磁系统、触点系统和灭弧装置及其他支持部件等四部分组成。

① 电磁系统。它主要用于产生电磁吸力，由电磁线圈（吸力线圈）、动铁芯（衔铁）和静铁芯等组成。交流接触器的电磁线圈是由绝缘铜导线绕制在铁芯上。交流接触器的铁芯由硅钢片叠压而成，以减少铁芯中的涡流损耗，避免铁芯过热。在铁芯上装有一个短路铜环，其作用是减少交流接触器吸合时产生的振动和噪声，故又称其为减振环，其材料为铜、康铜或镍铬合金等。

② 触点系统。触点系统主要用于通断电路或传递信号。它分为主触点和辅助触点，主触点用以通断电流较大的主电路，一般由三对常开触点组成；辅助触点用以通断电流较小的控制电路，一般有常开和常闭各两种触点，常在控制电路中起电气自锁或互锁作用。交流接触器的电气符号如图 2-1-12 所示。

图 2-1-12　交流接触器的电气符号

③ 灭弧装置。它用来熄灭触点在切断电路时所产生的电弧，保护触点不受电弧灼伤。在交流接触器中常采用的灭弧方法有电动力灭弧和栅片灭弧。

④ 其他支持部件。包括反作用弹簧、缓冲弹簧、传动机构、接线柱和外壳等。

（2）交流接触器的工作原理

交流接触器的工作原理如图 2-1-13 所示。线圈（6-7）得电以后，产生的磁场将静铁芯（8）磁化，吸引动铁芯（9）克服反作用弹簧（10）的弹力，使它向着静铁芯（8）运动，拖动触点系统运动，使得常开触点（14-24，11-21，12-22，13-23，15-25）闭合、常闭触点（16-26，17-27）断开。一旦电源电压消失或者显著降低，以致电磁线圈（6-7）没有激磁或激磁不足，动铁芯（9）就会因电磁吸力消失或过小而在反作用弹簧（10）的弹力作用下释放，使得动触点与静触点脱离，触点恢复线圈未通电时的状态。电磁式电气元件中，一般把线圈没有带电时候的状态称之为常态。

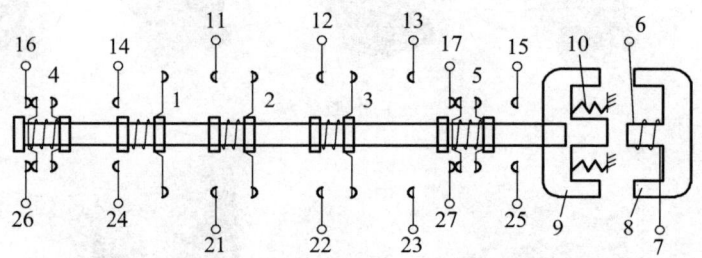

图 2-1-13　交流接触器的工作原理示意图

（3）交流接触器的主要技术参数

①额定电压。接触器铭牌上的额定电压是指主触头的额定电压，交流接触器的额定电压有 127 V、220 V、380 V、500 V 等档次。

② 额定电流。接触器铭牌上的额定电流是指主触头的额定电流。有 5 A、10 A、20 A、40 A、60 A、100 A、150 A、250 A、400 A 和 600 A。它是在规定条件下（额定工作电压、使用类别、额定工作制和操作频率等）保证电器正常工作的电流值。若改变使用条件，额定电流也要随之改变。

③ 电磁线圈的额定电压。交流有 36 V、110 V、127 V、220 V、380 V；直流有 24 V 等。

④ 电气寿命和机械寿命。接触器是频繁操作的电器，应有较长的机械寿命和电气寿命，目前有些接触器的机械寿命已达 1 000 万次以上，电气寿命达 100 万次以上。

⑤ 额定操作频率（次/h），是指每小时允许的操作次数，目前一般为 300 次/h、600 次/h、1 200 次/h 等几种。操作频率直接影响接触器的电气寿命及灭弧室的工作条件，对于交流接触器还影响线圈温升，是一个重要的技术指标。

⑥ 接通与分断能力，是指接触器的主触点在规定的条件下能接通和分断的电流值。在此电流值下，接通时，主触点不应发生熔焊；分断时，主触点不应长时间燃弧。

⑦ 使用类别。根据交流接触器使用类别的不同，对接触器主触点的接通和分断能力的要求也不一样，而不同使用类别的交流接触器是根据其不同的控制对象（负载）的控制方式所规定的。根据我国低压电器基本标准中规定的使用类别，其分类比较多。但在电力拖动控制系统中，常见的交流接触器的使用类别及其典型用途如表 2-1-3 所示。

表 2-1-3　常见交流接触器的使用类别及其典型用途

电流种类	使用类别代号	典型用途
AC （交流）	AC1	无感或微感负载、电阻炉
	AC2	绕线型异步电动机的启动和中断
	AC3	笼型异步电动机的启动和运转中分断
	AC4	笼型异步电动机的启动、反接制动、反向和点动

交流接触器的使用类别代码通常标注在产品的铭牌上或产品手册中。表 2-1-3 中要求交流接触器主触点达到的接通和分断能力是这样的：AC1 和 DC1 类允许接通和分断额定电流；

AC2、DC3 和 DC5 类允许接通和分断 4 倍的额定电流；AC3 类允许接通 8~10 倍的额定电流和分断 6~8 倍的额定电流；AC4 类允许接通 10~20 倍的额定电流和分断 8~10 倍的额定电流。

（4）接触器的选用方法

① 类型的选择：根据接触器所控制的负载性质，选择直流接触器或交流接触器。

② 额定电压的选择：接触器的额定电压应大于或等于所控制线路的电压。

③ 额定电流的选择：接触器的额定电流应大于或等于所控制电路的额定电流。对于电动机负载，可按下列经验公式计算：

$$I_c = \frac{P_N \times 10^3}{KU_N}$$

式中，I_c 为接触器主触头电流，单位为 A；P_N 为电动机的额定功率，单位为 kV；U_N 为电动机的额定电压，单位为 V；K 为经验系数，一般取 1~1.4。

接触器的额定电流应大于 I_c，也可查手册根据技术数据确定。接触器如果使用在频繁启动、制动和正、反转的场合，则额定电流应降一个等级选用。

④ 吸引线圈额定电压的选择：根据控制回路的电压选用。

⑤ 触头数量、种类的选择：触头数量和种类应满足主电路和控制线路的要求。

7. 按钮

交流接触器触点的通、断电状态由线圈的得、失电来进行控制，线圈的得、失电往往由其他信号控制。按钮就是人们常用的用来发布命令的电气元件。按钮也称为控制按钮或按钮开关，它是一种典型的主令电器。其作用通常是用来短时间接通或断开小电流（一般小于 5 A）的控制电路，从而控制电动机或其他电气设备的运行。

（1）常用按钮的外形

常用按钮的外形如图 2-1-14 所示，一般为积木式，两面拼装基座，触头数量可以按需要拼装成 2 常开、2 常闭，也可根据需要装成 1 常开、1 常闭至 6 常开、6 常闭的形式。

图 2-1-14 常用按钮的外形

（2）按钮的动作原理及电气符号

按钮的原理示意图及电气符号如图 2-1-15 所示。根据原理示意图，按钮按下时，常闭触点先断开，然后常开触点闭合；松开后，依靠复位弹簧使触点恢复到原来的位置。

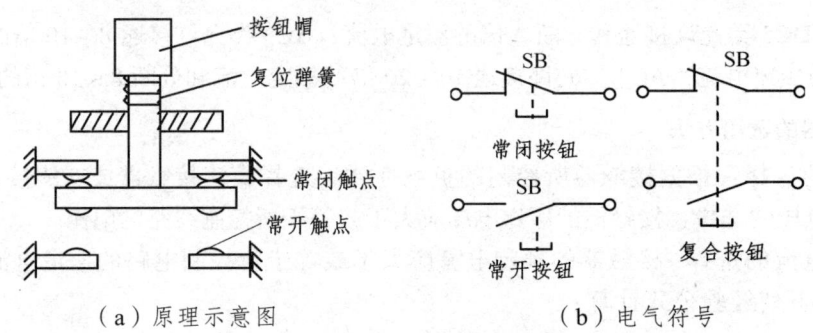

(a) 原理示意图　　　　　　　　(b) 电气符号

图 2-1-15　按钮的原理示意图及电气符号

（3）按钮的分类

按钮有带指示灯和不带指示灯两种。带有指示灯可使操作人员通过灯光了解控制对象的运行状态，缩小了控制箱的体积。按钮兼作信号灯使用，用透明塑料制成。

为了标明各个按钮的作用，避免误操作，通常将按钮做成红、绿、黑、蓝、白等颜色，以示区别。一般红色表示停止，绿色表示启动等，具体如表 2-1-4 所示。

表 2-1-4　按钮颜色的含义

颜　色	颜色含义	典　型　应　用
红	急情出现时动作	急停
红	停止或断开	① 总停；② 停止一台或几台电动机；③ 停止机床的一部分；④ 停止循环（如果操作者在循环期间按此按钮，机床在有关循环完成后停止）；⑤ 断开开关装置；⑥ 兼有停止作用的复位
黄	干预	排除反常情况或避免不希望的变化，例如，当循环尚未完成，把机床部件返回到循环起始点，按压黄色按钮可以超越预选的其他功能
绿	启动或接通	① 总启动；② 开动一台或几台电动机；③ 开动机床的一部分；④ 开动辅助功能；⑤ 闭合开关装置；⑥ 接通控制电路
蓝	红、蓝、绿三种颜色未包含的任何特定含义	① 红、黄和绿色含义未包括的特殊情况，可以用蓝色；② 蓝色：复位
黑、灰、白		除了专用于"停止"功能按钮外，可用于任何功能，例如：黑色为点动，白色为控制与工作循环无直接关系的辅助功能

另外，为了满足不同控制和操作的需要，按钮的结构形式也有所不同，如钥匙式、旋钮式、紧急式、保护式等。

按钮根据结构的不同可分为自复式和非自复式。自复式表现为当按下按钮时，下部弹簧被压缩，动触头将常开触点接通、常闭触点断开；松开按钮时，则靠弹簧的弹力将按钮恢复到常开触头断开、常闭触头闭合的状态。非自复式按钮按下时，常开触点接通、常闭触点断开的同时将按钮位置锁住，一直保持下去，即使松开按钮，常开触头依然闭合、常闭触头依然断开，直至通过专门的复位操作才能使其恢复到原来的常态。

（4）按钮的选用

选用按钮的依据主要是触头对数、动作要求、是否需要带指示灯、使用场合以及颜色要求等。

（5）按钮安装时应注意的事项

① 在面板上从上到下或从左到右排列布置，相邻按钮间距为 50～100 mm，安装高度要以便于操作为准。

② 应将每一对相反状态的操作按钮装在一起（如启动、停止，上、下，前、后，左、右，松、紧等），既方便操作又防止误操作。

③ 为了应付紧急情况，总停止或紧急按钮应安装在显眼且容易操作的地方，并做鲜明的警示标记。

④ 按钮安装应牢固，接线应正确，防止短路；接线端应拧紧，使接触电阻减小；操作应灵活、可靠、无卡阻现象。

⑤ 触头应保持清洁。

8. 中间继电器

中间继电器的主要作用是在电路中起信号的传递与转换作用，当其他电器的触头对数不够用时，可借助中间继电器来扩展它们的触头数量，有时也可将小功率的控制信号转换为大容量的触点动作，以驱动电气执行元件工作，所以中间继电器也可用来控制小容量电动机的启动、停止。

中间继电器在结构上实际是一个电压继电器，其输入是线圈的通电或断电信号，输出信号为触点的动作。中间继电器的触点数量多、触点容量大（额定电流 5～10 A）、动作灵敏。

中间继电器一般由电磁机构和触点系统组成。中间继电器的外形如图 2-1-16（a）所示，图 2-1-16（b）所示为中间继电器的电气符号，其文字符号为 KA。

电磁式中间继电器与接触器相似，其外壳一般由塑料制成，是开启式。外壳上的相间隔板将各对触点隔开，以防止因飞弧而发生短路事故。触点一般有（常开/常闭）6/2、4/4、2/6 等多种组合形式，其触点因为通过控制电路的电流容量较小，所以不需加装灭弧装置。

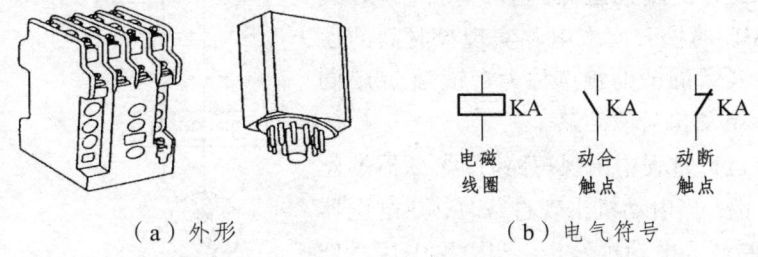

（a）外形　　　　　　　　（b）电气符号

图 2-1-16　中间继电器的外形和电气符号

三、线路分析

1. 利用开关实现电动机连续运行的控制线路的分析

在电动机功率比较小或者不需要频繁启/停的工作场合，可以用开关电器直接进行启/停控制。图 2-1-17（a）所示是利用刀开关启停电动机的控制电路，图（b）是利用组合开关启/停电动机的控制电路,图(c)是利用空气开关启/停电动机的控制电路。

闭合开关,电动机 M 启动旋转;断开开关,电动机 M 断电减速直至停转。该控制线路是最简单的三相交流异步电动机连续运行的控制线路。在某些场合中,常用这套线路来控制设备中的冷却泵电动机等不需频繁启/停的小功率电动机。

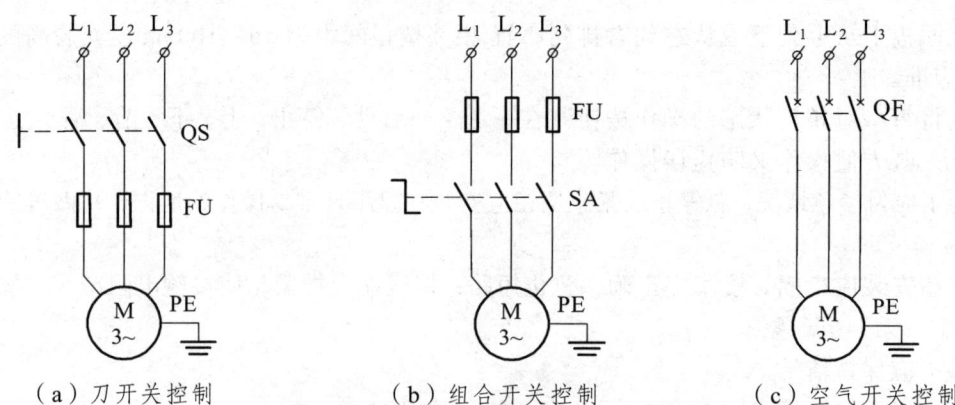

(a)刀开关控制　　　　(b)组合开关控制　　　　(c)空气开关控制

图 2-1-17　开关控制的三相交流异步电动机连续运行的控制线路

2. 以接触器为核心的三相交流电动机单向连续运行控制线路分析

在实际的工作中,需要对设备进行灵活的控制,上述控制线路显然不能满足此项要求。因此,在实际生产中,往往根据控制需求,对电动机采用以接触器为核心的控制环节。

(1)单向连续运行控制线路的分析

当电动机容量比较大、启动比较频繁以及距离比较远的场合,一般使用接触器作为控制核心构成电路,如图 2-1-18 所示。刀开关 QS 作为该线路的电源引入开关控制设备与外界电路的联系,熔断器 FU 承接线路的短路保护功能,热继电器承接线路过载保护功能,交流接触器负责主电路通断功能的同时承接失压和欠压保护功能。

合上电源引入开关 QS 后,按下启动按钮 SB_2,KM 线圈带电,KM 的辅助触点闭合,使得 KM 线圈不会因按钮 SB_2 的松开而失电,实现长时间的通电功能(我们将 KM 的辅助触点称为自锁触点),同时主触点闭合,电动机持续运转。

当电动机在运行过程中出现短路时,熔断器熔丝熔断,电动机停止;当电动机出现过载时,热继电器 FR 的常闭触点断开,电动机停止;当电网电压过低或者停电时,交流接触器线圈失电,电动机停止。

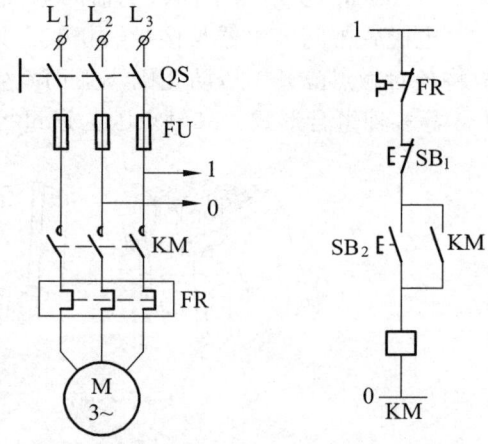

图 2-1-18　具有多种保护措施的电动机连续运行控制线路

电动机在运转时,按下停止按钮 SB_1,交流接触器 KM 线圈失电,主触点断开,电动机运行停止。

这种控制线路具有失压(欠压)、短路、过载多种保护措施,而且能够灵活地实现通、断电操作,是一种比较安全、可靠的控制线路,在有电动机的传统设备中应用广泛,但也有一定的不足：

① 当熔断器熔断时，需更换熔体，比较麻烦。

② 控制线路方（操作线路方）的电压直接从主电路中引出为 380 V，对人体而言，存在一定的危险性。

因此，在控制线路的设计中，一般用空气断路器取代刀开关和熔断器作为电源引入开关。如果 KM 线圈的额定电压低于电源电压，例如，线圈额定电压为 110 V，电源额定电压为 380 V，则需要用变压器将电压降至线圈额定电压后向控制回路（操作电源方）供电，该变压器称之为控制变压器。如果为安全起见，选用额定电压更低（比如 36 V）的交流接触器线圈，则控制变压器的副边也需与之保持一致。

（2）多地与多条件控制线路分析

在某些大型生产机械和设备中，为了操作方便，常会要求在多个地点进行控制操作；同时在某些生产机械和设备上，为了确保操作的安全性和可靠性，还会要求多个条件同时满足时才能控制设备的状态。这些要求都可以通过按钮的设置来达到目的，称之为电气设备的多地控制或是多条件控制。

多地启动控制的特点是所有启动按钮的常开触点全部并联，即逻辑"或"的关系，按下任何一个启动按钮都可以启动电动机；所有停止按钮的常闭触点串联，即逻辑"与"的关系，按下任何一个停止按钮都可以停止电动机的工作。电动机两地控制线路如图 2-1-19 所示，其中，SB_1、SB_2 是停止按钮，SB_3、SB_4 是启动按钮。

多条件控制的按钮的连接方法与多地控制刚好相反。启动按钮的常开触点串联，两个启动按钮都按下时设备才能启动；停止按钮的常开触点并联，两个停止按钮都按下时设备才会失电。

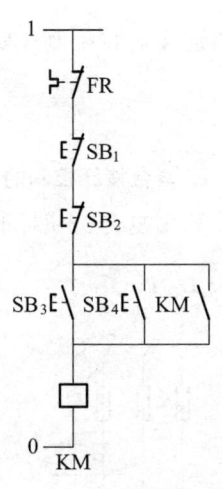

图 2-1-19　多地控制线路

（3）三相交流异步电动机的点动/连续控制线路的分析

a. 点动控制

生产设备正常运行时，一般采用连续运转控制方式。但在某些情况下，设备不需要长时间工作，比如机床加工前的对刀操作，要求短时间通电，以便将刀具对准。因此，在试车和对刀时，需要将电动机短时间通电，电动机的这种控制运动叫做点动控制。

点动控制是指：按下按钮电动机得电启动运转，松开按钮电动机失电直至停转。点动控制线路如图 2-1-20 所示。

合上刀开关 QS 后，因没有按下点动按钮 SB，接触器 KM 线圈没有得电，KM 的主触点断开，电动机 M 不得电，所以不会启动。按下点动按钮 SB 后，控制回路中接触器 KM 线圈得电，其主回路中的常开触点闭合，电动机得电启动运行；松开按钮 SB，按钮在复位弹簧的作用下自动复位，断开控制电路 KM 线圈，主电路中 KM 触点恢复至原来的

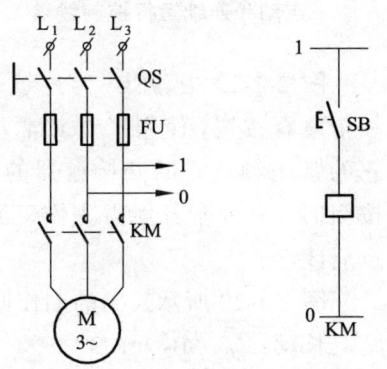

图 2-1-20　点动控制线路

断开状态，电动机断电直至停止转动。

电动机点动控制线路与连续运转控制线路的区别主要在于自锁触点是否成为KM线圈通电的路径。所以，只要控制好了自锁触点的通电路径，就可以很好地控制电动机的点动或者是连续运转。

b. 组合开关控制的电动机点动和连续运行控制线路

利用组合开关控制电动机既能连续运行又能点动的控制线路如图2-1-21所示。当SA断开时，按SB_2为点动操作；当SA闭合时，按SB_2为连续运转控制操作。

图2-1-21所示线路的动作原理为：

点动（SA断开）： $SB_2^+ \to KM^+ \to M^+$（运转）

$SB_2^- \to KM^- \to M^-$（停车）

连续运转控制（SA闭合）： $SB_2^{\pm} \to KM_{自}^{+} \to M^+$（运转）

$SB_1^{\pm} \to KM^- \to M^-$（停车）

c. 复合按钮控制的电动机点动和连续运行控制线路

利用复合按钮控制电动机既能连续运转又能点动的控制线路如图2-1-22所示。

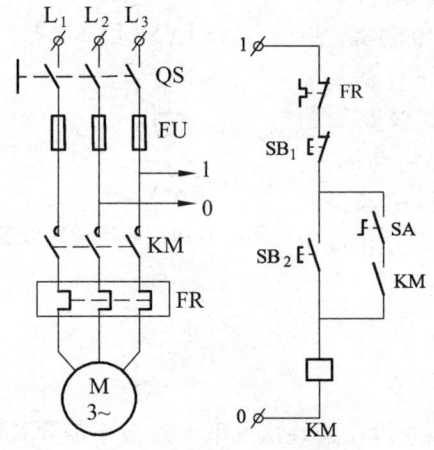

图2-1-21 组合开关控制的电动机
点动和连续运行控制线路

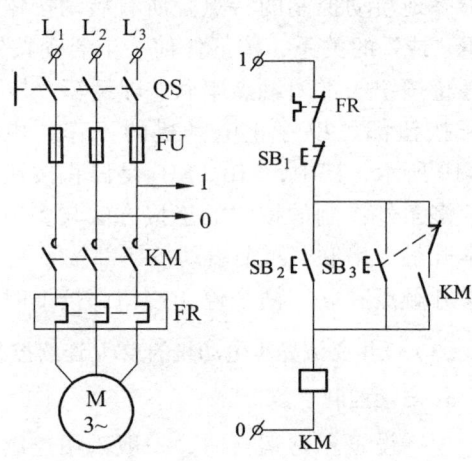

图2-1-22 复合按钮控制的电动机
连续运转和点动控制线路

图2-1-22中，SB_2为连续运转控制启动按钮，SB_3为点动按钮。需要注意是，SB_3是一个复合按钮，使用了1对常开触点和1对常闭触点。在点动控制中，按下点动按钮SB_3，它的常闭触点先断开接触器的自锁电路，常开触点后闭合，接通接触器线圈；松开SB_3按钮时，它的常开触点先恢复断开，切断了接触器线圈电路，使其断电，而其常闭动断触点后闭合。

图2-1-22所示线路的动作原理为：

长动： $SB_2^{\pm} \to KM_{自}^{+} \to M^+$（运转）

点动： $SB_3^{\pm} \to KM^{\pm} \to M^{\pm}$（运转，停车）

d. 中间继电器控制的电动机点动和连续运转控制线路

利用中间继电器控制的电动机既能连续运转又能点动的控制线路如图 2-1-23 所示。其中，SB_2 是电动机连续运转控制的启动控制按钮，SB_3 是电动机的点动控制按钮。

图 2-1-23 所示线路的动作原理为：

连续运转控制：

$$SB_2^\pm \rightarrow KA_{自}^+ \rightarrow KM^+ \rightarrow M^+ （运转）$$

点动控制：

$$SB_3^\pm \rightarrow KM^\pm \rightarrow M^\pm （运转，停车）$$

综上所述，上述线路能够实现电动机连续运转控制和点动控制的根本原因，在于能否保证 KM 线圈持续得电。

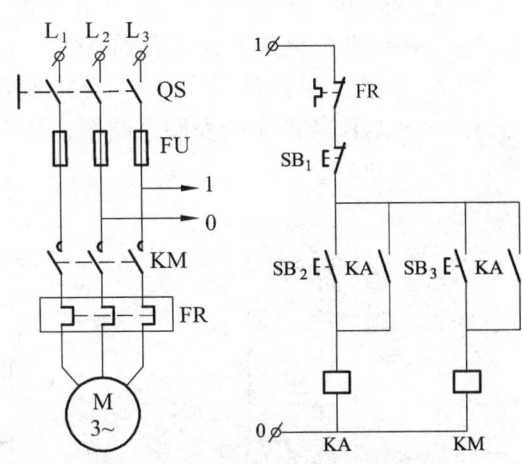

图 2-1-23　中间继电器控制的电动机
　　　　　　连续运转和点动控制线路

【思考与提高】

一、填空题

1. 未受外力作用时处于断开状态的触点属于_____触点，未受外力作用时处于闭合状态的触点属于_____触点。

2. 熔断器又叫保险丝，用于电路的_____保护，使用时应_____接在电路中；热继电器用于_____保护，它们都是按照_____特性来工作的。

3. 接触器的触点按通断电流的能力分为_____触头和_____触头，其中前者用于通断电流较大的_____电路，后者用于通断电流较小的_____电路，同时接触器又具有_____保护作用。接触器的自锁一般是利用自身的_____触头保证线圈继续通电。

4. 刀开关安装时，手柄要向____装，不得____装或____装，否则手柄可能因自动下落而引起_____，造成人身和设备安全事故。接线时，电源线接在____端，____端接用电器，这样拉闸后刀片与电源隔离，用电器件不带电，保证安全。

5. 按钮用来短时间接通或断开小电流，常用于_____电路，____色表示启动，____色表示停止。

6. 自动空气开关又称_____开关或_____开关，它是既能通断电路，又能进行_____、_____、_____、_____保护。

7. 用按钮、开关、继电器、接触器、行程开关等组成的控制系统，称为_____控制系统。

8. 控制线路中的短路保护元件是_____，过载保护元件是_____，失压保护元件是_____。

9. 螺旋式熔断器使用时与底座相连的接线端应接_____，与金属螺纹壳相连的上接线端应接_____。

二、选择题

1. CJ20-160 型交流接触器在 380V 的额定电流是 160 A，故此时它所能控制的电动机的功率约是（　　）。

　　A. 85 kW　　　　　　　B. 100 kW　　　　　　　C. 20 kW

2. 在接触器的铭牌上经常看到 AC3、AC4 的字样，它们的含义是（　　）。

　　A. 生产厂家代号　　　　B. 使用类别代号　　　　C. 电压级别代号

3. 在图 2-1-24 所示的控制电路中，能实现点动和连续工作的是图（　　）。

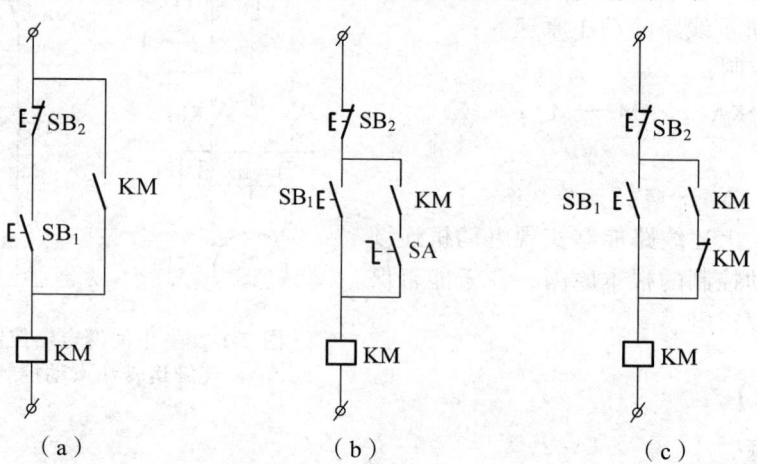

图 2-1-24　选择题 3 线路图

4. 下列电器中，不能实现短路保护的是（　　）。

　　A. 熔断器　　　　　　　B. 热继电器　　　　　　C. 空气开关

5. 在具有过载保护接触器自锁控制线路中，实现欠压和失压保护的电气元件是（　　）。

　　A. 熔断器　　　　　　　B. 热继电器　　　　　　C. 接触器

6. 按下复合按钮时（　　）。

　　A. 常闭触点先断开　　　B. 常开触点先闭合　　　C. 常闭触点和常开触点同时动作

7. 电动机过载时热继电器双金属片弯曲是由于双金属片的（　　）。

　　A. 机械强度不同　　　　B. 热膨胀系数不同　　　C. 温差效应

8. 在多地控制原则中，启动按钮应（　　），停车按钮应（　　）。

　　A. 并联、串联　　　　　B. 串联、并联　　　　　C. 并联、并联

9. 用来表明电机、电器实际安装接线位置的图是（　　）。

　　A. 电气原理图　　　　　B. 电器布置图　　　　　C. 功能图

10. 在电动机的继电器-接触器控制电路中，热继电器的功能是实现（　　）。

　　A. 短路保护　　　　　　B. 零压保护　　　　　　C. 过载保护

11. 热继电器的一般选择原则是（　　）。

　　A. 其额定电流和热元件的额定电流均应大于电动机的额定电流

　　B. 在一般情况下可选用两相结构的热继电器

　　C. 对于三角形联结的电动机，可以选用单相结构的热继电器

12. 某机床运行时，突然瞬间断电。当恢复供电后，机床却不再运行，原因是该机床控制线路（　　）。

　　A. 出现故障　　　　　　B. 设计不够完善　　　　C. 具有失压保护

13. 熔断器的选择应按下面的原则（　　）。
    A. 熔断器的额定电压必须大于或等于线路的工作电压
    B. 熔断器的额定电流必须大于或等于所装熔体的额定电流
    C. 熔断器的额定电压必须小于或等于线路的工作电压
14. 接触器的一般选择原则有（　　）。
    A. 选择接触器的类型，如选用交流接触器还是直流接触器
    B. 选择接触器触头的额定电压
    C. 选择接触器主触头的额定电流
15. 断路器的一般选用原则是（　　）。
    A. 断路器的额定工作电压大于等于线路额定电压
    B. 断路器的额定电流大于等于线路设计负载电流
    C. 热脱扣器的整定电流等于所控制负载的额定电流

三、判断题

1. 三相笼型异步电动机的电气控制线路，如果使用热继电器作过载保护，就不必再装设熔断器作短路保护。　（　　）
2. 刀开关安装时，手柄要向上装。接线时，电源线接在上端，下端接用电器。（　　）
3. 一台额定电压为 220 V 的交流接触器在交流 220 V 和直流 220 V 的电源上均可使用。
    （　　）
4. 交流接触器通电后，如果铁芯吸合受阻，将导致线圈烧毁。（　　）
5. 闸刀开关可以直接分断堵转的电动机。（　　）
6. 一定规格的热继电器，其所装的热元件规格可以是不同的。（　　）
7. 热继电器的额定电流就是其触点的额定电流。（　　）
8. 失压保护的目的是防止电压恢复时电动机自启动。（　　）
9. 交流电动机的控制线路必须采用交流操作。（　　）
10. 现有四个按钮，欲使它们都能够控制交流接触器 KM 的通电，则它们的常开触点应串联到 KM 的线圈电路中。（　　）
11. 热继电器和过电流继电器在起过载保护作用时可相互替代。（　　）
12. 按钮用来短时间接通或断开小电流，常用于控制电路，绿色表示启动，红色表示停止。
    （　　）
13. 交流接触器铁芯端面嵌有短路铜环的目的是保证动、静铁芯吸合严密，不发生振动与噪声。（　　）
14. 无断相保护装置热继电器就不能对电动机的断相提供保护。（　　）
15. 热继电器的保护特性是反时限的。（　　）

四、分析题

1. 以接触器为核心的电动机启动控制电路与开关控制的电动机启动控制电路相比，有什么异同？各自的适用场合是什么？
2. 在电动机启动过程中，热继电器会不会因电动机的启动电流过大而动作，为什么？
3. 交流接触器线圈通电后，若衔铁因故卡住而导致不能吸合，将出现什么后果？为什么？
4. 一台具有自动复位功能、热继电器保护的电动机正转控制电路，在工作过程中突然停

车，经过一段时间后，在没有触动任何电器的情况下，电路又可重新启动和正常工作了。试分析其原因。

5. 如果以图 2-1-25 作为冷却泵电动机连续运转的控制电路，正常操作时会出现什么现象？若不能支持冷却泵电动机的正常工作，请加以改进。

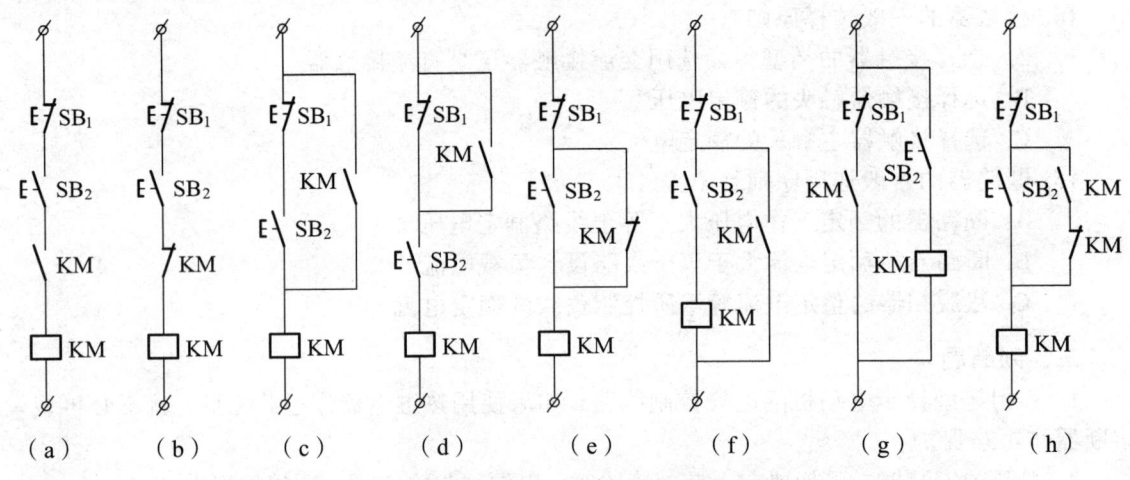

图 2-1-25 分析题 5 线路图

6. 图 2-1-26 所示控制电路能否使电动机进行正常点动控制？如果不行，指出可能出现的故障现象，并将其改正确。

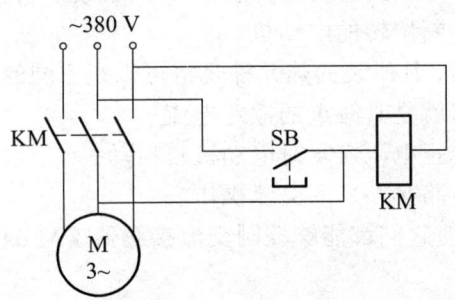

图 2-1-26 分析题 6 线路图

【技能训练】

1. 训练任务

某机床主轴有一台三相交流异步电动机 M，额定功率为 1.5 kW，型号为 Y100L2-4，要求其在 A、B 两地均能实现对该电动机的点动和连续运转控制。试设计满足该控制要求的电气控制原理图，选取合适的电气元件进行安装并调试成功。

2. 训练目的

① 熟悉按钮、交流接触器等电气元件的结构、工作原理、选用及接线方法。
② 学会三相交流异步电动机直接启动电气控制线路的绘图和识图能力。
③ 学会三相交流异步电动机直接启动电气控制线路的安装、调试方法。

3. 训练器材

根据设计方案自行填写下表：

序号	名　　称	型号与规格	数量	备注
1	三相交流电源			
2	三相鼠笼式异步电动机			
3	交流接触器			
4	按　钮			
5	热继电器			
6	交流电压表			
7	万用电表			
8	常用电工工具			
9	导线			

4. 训练过程

明确控制要求→设计电气原理图→选用电气元件→准备实训设备及器材→安装电气线路→线路绝缘检查→通电试车。

注意：① 不可带电安装设备或连接导线；② 断开电源后才能进行故障处理；③ 通电检查和试车时必须通知指导老师及附近人员，在有指导教师现场监护的情况下才能通电试车。

任务2　三相交流异步电动机顺序控制线路的分析与安装调试

所谓顺序控制，是指控制生产机械中多台电动机使其按预先设计好的次序先后启动或停止，这样做一是满足工作要求，二是为了避免多台电机同时启动或停止对电网造成较大的冲击。一般采用由接触器的联锁触点来确保实现顺序控制，有时针对设备中不同部件或者生产机械也可以按照时间等参量完成先后顺序控制。顺序控制可以通过手动发布命令完成，也可以按照一定的原则自动完成。

【学习目标】

1. 规范与标准

了解相关行业及国家规范与标准。重点是：《机床电气设备通用技术条件国家标准》GB5226—85，《电气传动控制设备第一部分——低压电器电控设备国家标准》GB4720，《电气设备安全设计导则》GB4064—83，《国家电气设备安全技术规范》GB19517—2004，《用电安全导则》GBT13869—92、GB5226—85，《电气简图用图形符号》GB/1-47287—2000、GB/1-47288—2000。

2. 知识目标

掌握时间继电器、信号灯等相关电气元件的结构、使用方法、工作原理及其在电气控制线路中的作用；掌握国家及行业的相关电气电路制图标准及规范，理解电气控制技术中联锁的概念，掌握三相交流异步电动机顺序控制的基本方法及电气安装接线的方法。

3. 技能目标

能够能根据实际要求，按照相关行业及国家规范与标准绘制顺序控制电气原理图并分析其工作原理；能够参照元件选型手册正确选配合适的电气元件进行三相交流异步电动机顺序控制线路的安装与调试。

【相关知识】

一、基本电气元件

1. 时间继电器

时间继电器也称为延时继电器，是指从获得信号（命令发布）开始，到触头动作有一定延时，其延时又符合准确度要求的继电器。它实际上是一种带有延时触点的电压继电器，时间继电器一般作为辅助元件使用于各种保护和自动装置中，使被控制元件的动作得到所需要的延时。

图 2-2-1 所示为时间继电器的电气符号。时间继电器的触点图形符号主要是触点的半圆符号的开口指向，遵循的原则是：半圆开口方向是触点延时动作的指向，其文字符号为 KT。

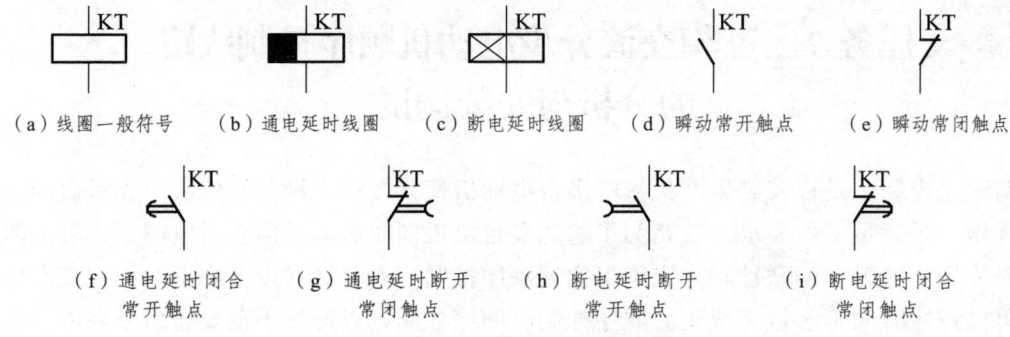

图 2-2-1 时间继电器的电气符号

（1）时间继电器的种类

时间继电器的种类繁多，按照不同的标准有许多划分方式。

a. 按工作原理与构造划分

时间继电器按其工作原理与构造的不同来划分，目前常用的主要有空气阻尼式、电动式、晶体管式及直流电磁式等几大类。

① 直流电磁式时间继电器。一般在直流电气控制电路中应用较广，它只能直流断电延时动作。

直流电磁式时间继电器的优点是结构简单、运行可靠、寿命长；但延时时间短。

② 空气阻尼式时间继电器。它利用阻尼作用获得延时，线圈电压为一般交流。空气阻尼式时间继电器的外形结构如图 2-2-2 所示。

 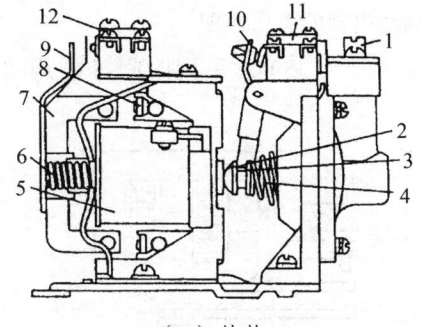

（a）外形　　　　　　　　　　　　（b）结构

图 2-2-2　空气阻尼式时间继电器的外形和结构

空气阻尼式时间继电器的优点是结构简单、寿命长、价格低，允许电网电压有较大波动，还附有不延时（瞬动）的触点，所以应用较为广泛；缺点是时间精度低、延时误差大，在要求延时精度高的场合不宜采用。

③ 电子式时间继电器。按其结构可分成 R-C 式晶体管时间继电器和数字式时间继电器。

电子式时间继电器多用于电力传动、自动顺序控制及各种过程控制系统，并以其延时范围广、精度高、体积小、工作可靠的优势逐步取代传统的电磁式、空气阻尼式等时间继电器。图 2-2-3 所示是常见电子式时间继电器的外形。

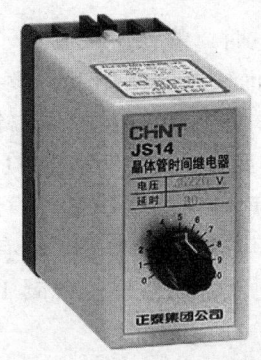 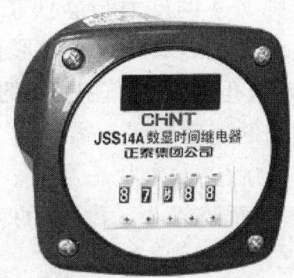

（a）晶体管式时间继电器（JS14）　　　（b）数字式时间继电器（JSS14）

图 2-2-3　电子式时间继电器的外形

b. 按延时方式划分

时间继电器按延时工作方式可分为：通电延时型和断电延时型两种。

① 通电延时型时间继电器。在其感测部分接收到信号（即时间继电器的线圈通电）后，开始延时，一旦延时时间等于设定时间，延时完毕，则通过执行部分（延时触头）的动作输出信号以操纵控制电路；当输入信号消失（时间继电器线圈失电）时，继电器的延时触点就立即恢复到动作前的状态（复位）。

② 断电延时型时间继电器。与通电延时型相反，断电延时型时间继电器在其感测部分（线圈）接收到输入信号后，执行部分（触点）立即动作；但当输入信号消失后，此类时间继电器的触点必须经过设定的延时时间后，才能恢复到原来（即动作前）的状态（复位），并且有信号输出。

（2）时间继电器的工作原理

图 2-2-4 所示为 JST-A 系列时间继电器的结构示意图。

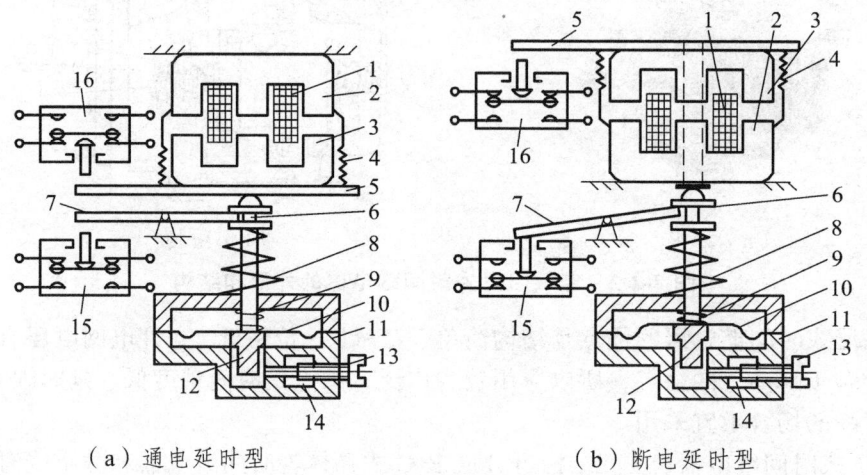

（a）通电延时型　　　　　　　　（b）断电延时型

图 2-2-4　JST-A 系列时间继电器的结构示意图

1—线圈；2—铁芯；3—衔铁；4—复位弹簧；5—推板；6—活塞杆；7—杠杆；
8—塔形弹簧；9—弱弹簧；10—橡皮膜；11—空气室壁；12—活塞；
13—调节螺杆；14—进气孔；15，16—微动开关

对于图 2-2-4（a）所示的时间继电器，当线圈 1 通电时，静铁芯 2 变成了一块电磁铁，衔铁 3 克服复位弹簧 4 的反力与静铁芯 2 立即吸合，在推板 5 的作用下，微动开关 16 的触点状态立即发生翻转。活塞杆 6 在塔形弹簧 8 的作用下向上移动，使与活塞杆 6 相连的橡皮膜 10 也向上移动，但受到进气孔 14 的进气速度及橡皮膜 10 与空气室壁 11 的摩擦力的限制，活塞杆 6 移动的速度较慢，需经过一段时间，活塞杆 6 才能完成相应的行程并利用杠杆 7 使微动开关 15 的触点发生状态翻转。这段时间的长短与进气孔 14 的大小有关，因此，调节调节螺杆 13，进而调节进气孔 14 的大小，可以调节时间的长短。当线圈 1 失电时，微动开关 16、15 均立即恢复常态。

图 2-2-4（b）所示是断电延时型时间继电器的结构示意图，其工作原理请读者自行分析。

2. 信号灯

信号灯又称指示灯，在控制电路中用灯光指示信号。部分常用信号灯的外形如图 2-2-5 所示。信号灯由灯座、灯罩、灯泡和外壳组成。

图 2-2-5　常见信号灯的外形

灯泡的额定电压通常有 6 V、12 V、24 V、36 V、48 V、110 V、127 V、220 V、380 V、660 V 等多种，以适应各种控制电压的信号指示。灯泡过去一般采用白炽灯或氖灯，目前逐

渐被发光二极管（LED）代替。发光二极管具有体积小、使用寿命长、工作电流小、温升低、能耗小等优点，是高效节能产品。

灯罩由有色玻璃或塑料制成，通常有红色、黄色、绿色、乳白色、橙色、无色六种颜色，每种颜色的含义及典型应用如表 2-2-1 所示。

表 2-2-1 信号灯颜色的含义及典型应用

颜色	灯亮的含义	说明	典型应用
红	危险或报警	警报潜在危险或要求立刻行动的情况	① 润滑系统压力出故障 ② 温度超过规定（安全）极限 ③ 命令立即停止机床（如因为过载） ④ 主要设备因保护器件动作而停止 ⑤ 出现容易接触的带电或运动部件的危险
黄	警告	情况发生变化或即将发生变化	① 温度（或压力）不正常 ② 出现短时的有限过载 ③ 自动循环正在运行
绿	安全	表示安全，授权开始工作，表示无障碍	① 冷却液循环正常 ② 机床准备就绪可以工作，所有必需的辅助工作完毕，各种机构处于启动状态，液压或电动发电机组的输出电压在额定范围内等 ③ 循环完毕，机床准备重新启动
蓝	按照情况需要赋予的特定含义	上述红、黄、绿三色未包括的任何特定含义都可由蓝色表示	① 遥控指示 ② 选择开关处于"整定状态" ③ 装置处于"正向"状态 ④ 刀架或装置微量进给
白	未赋予特定含义	使用红、绿、黄三色存在问题时，可以用白色，如作证明用	① 开关电源接通 ② 正在选择速度或转向 ③ 与工作循环无关的辅助设备正在工作

信号灯的电气符号如图 2-2-6 所示，文字符号一般由 HL 表示，EL 是电气图中照明灯的电气符号。

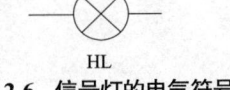

图 2-2-6 信号灯的电气符号

信号灯的型号含义如下所示：

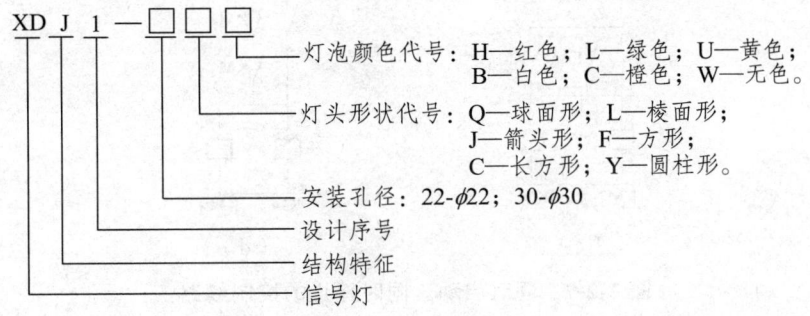

二、线路分析

1. 手动命令下多台三相交流异步电动机顺序控制线路的分析

在实际生产中,多台电动机工作于某一台设备时,常要求各种运动部件之间或生产机械之间能够按顺序工作。例如:车床主轴转动时,要求油泵先给润滑油,主轴停止后,油泵方可停止润滑,即要求油泵电动机先启动,主轴电动机后启动;主轴电动机停止后,油泵电动机才能停止。

在某些控制场合中,设备各环节的启动顺序是不允许打乱的,比如,在铣床中,必须先将铣刀启动后,工作台才能运转,否则刀具容易打烂。这时,一般采用由接触器的联锁触点来确保实现顺序控制。以下介绍的控制线路都是由接触器的联锁触点来确定多台电动机的顺序启动、停止关系,而各电动机的启动和停止均靠按下相应的按钮(即手动命令)来实现。

(1)同时启动、同时停止的控制线路

同时启动、同时停止的控制线路如图 2-2-7 所示。其中,图(a)为一个接触器控制两台(或多台)电动机同时启动、同时停止的控制线路,该线路的不足之处是接触器的主触点通过两台(或多台)电动机的定子电流,因而对其容量有一定的要求。

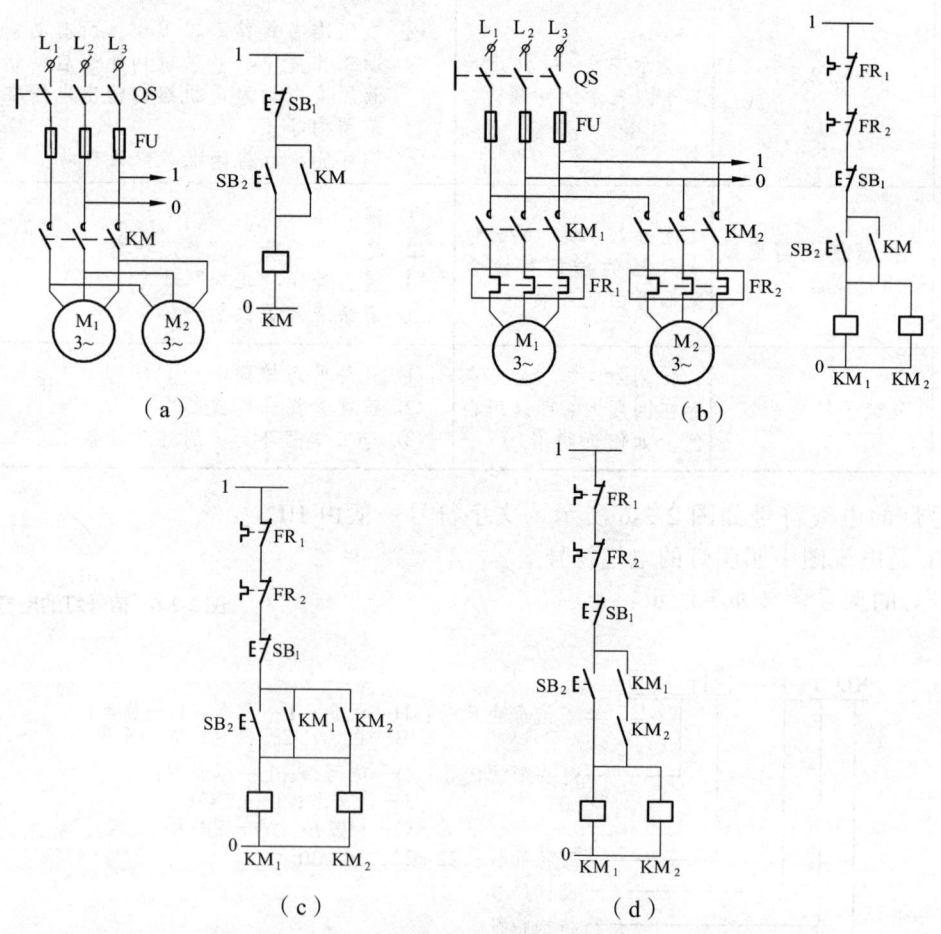

图 2-2-7 同时启动、同时停止的控制线路

图 2-2-7（b）、(c)、(d) 为两个（或多个）接触器分别控制两台（或多台）电动机同时启动、同时停止的控制线路。其中图（b）中只用一对接触器常开触点作"自锁"，图（c）中用两对（或多对）接触器常开触点并联作"自锁"，图（d）中用两对（或多对）接触器常开触点串联作"自锁"。一般情况下，在工程实际中采用图（d）线路的较多。

（2）顺序启动、同时停止的控制线路

顺序启动、同时停止的主电路如图 2-2-8（a）所示。电动机 M_1 启动运行之后电动机 M_2 才允许动作，两台电动机同时停止。

图 2-2-8（b）所示的控制线路是通过接触器 KM_1 的"自锁"触点来制约接触器 KM_2 的线圈。只有在 KM_1 动作后，KM_2 才允许动作。

图 2-2-8（c）所示的控制线路是通过接触器 KM_1 的"联锁"触点来制约接触器 KM_2 的线圈，也只有 KM_1 动作后，KM_2 才允许动作。

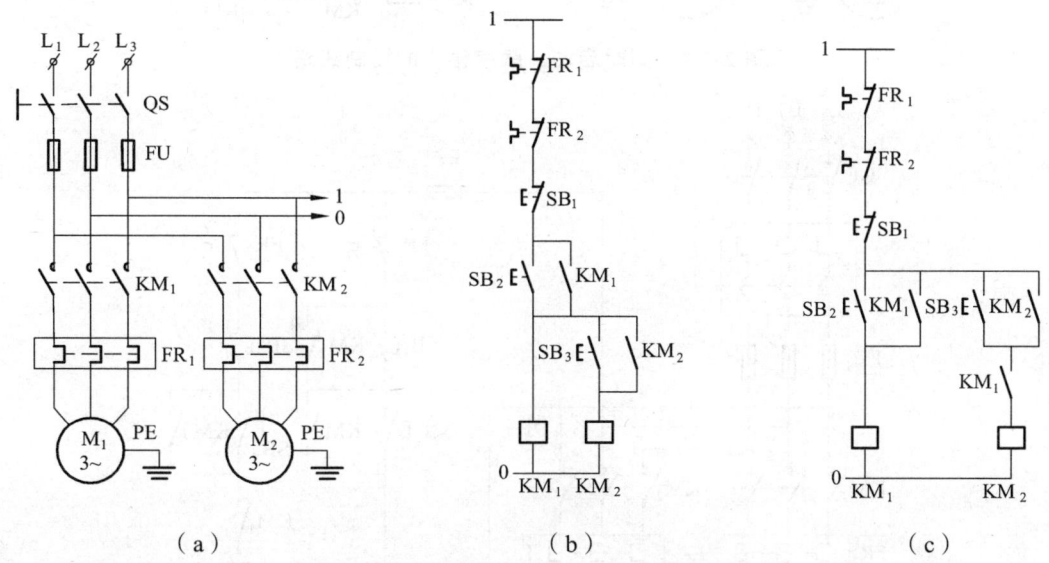

图 2-2-8 顺序启动、同时停止的控制线路

（3）同时启动、顺序停止的控制线路

同时启动、顺序停止的控制线路如图 2-2-9 所示。图中，接触器 KM_1 的一对常开触点串接在接触器 KM_2 的线圈支路中，不仅使接触器 KM_1 与接触器 KM_2 同时动作，而且只有 KM_1 断电释放后，按下停止按钮 SB_3 才可使接触器 KM_2 断电释放。

（4）顺序启动、逆序停止的控制线路

顺序启动、逆序停止的控制线路如图 2-2-10 所示，在图中，使用空气开关 QF 作为电源引入开关，这时，主电路的熔断器 FU_1 可以省略。

KM_1 的常开触点串接在 KM_2 线圈所在支路中，只有先启动了 KM_1 所控制的 M_1 后，KM_2 才可能带电，M_2 电动机才可能转动。KM_2 的常开触点并联在 SB_1 两端，只有 KM_2 断电，即 M_2 电动机停转后，KM_1 才会失电，M_1 才会停转。也就是说，M_1 先动，M_2 先停。

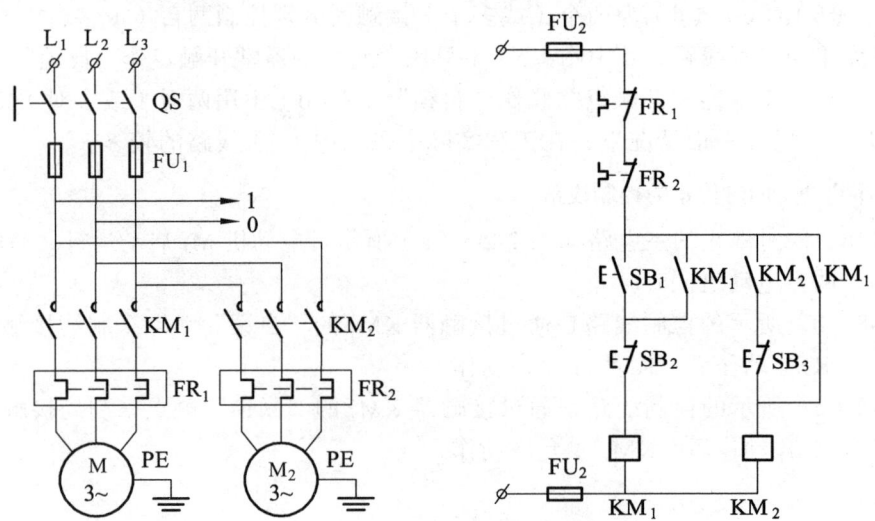

图 2-2-9 同时启动、顺序停止的控制线路

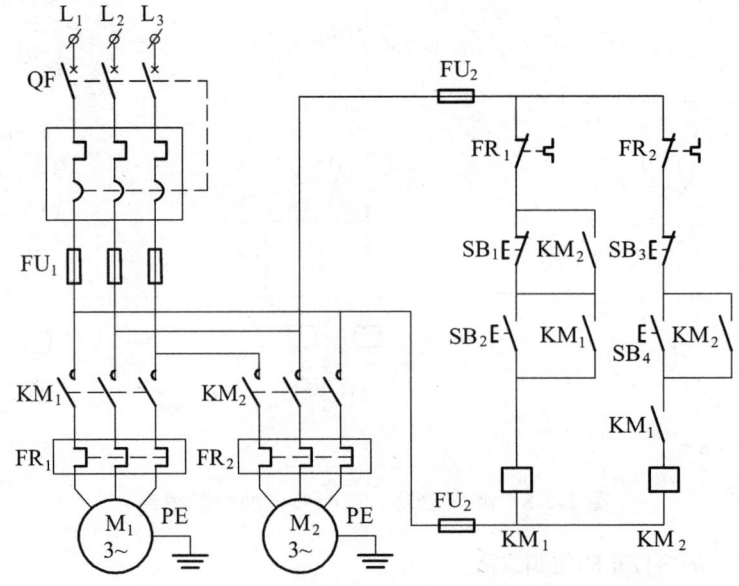

图 2-2-10 顺序启动、逆序停止的控制线路

（5）顺序启动、顺序停止的控制线路

顺序启动、顺序停止的控制线路如图 2-2-11 所示。

KM_1 的常开触点串接在 KM_2 线圈所在支路中，只有先启动了 KM_1 所控制的 M_1 后，KM_2 才可能带电，M_2 电动机才可能转动。KM_1 的常开触点并联在 SB_3 两端，只有 KM_1 断电，即 M_1 电动机停转后，KM_2 才会失电，M_2 才会停转。也就是说，M_1 先动，M_1 先停。

总结上述关系，可以得到如下的控制规律：

① 当要求甲接触器工作后方允许乙接触器工作，则在乙接触器工作线圈得电电路中串入甲接触器的常开触点。

技能篇　典型电气控制线路的分析与安装调试　77

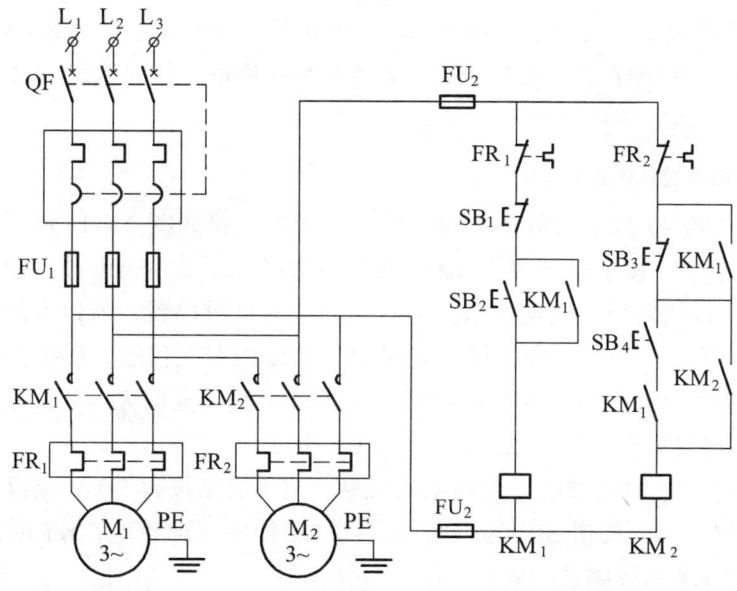

图 2-2-11　顺序启动、顺序停止的控制线路

② 当要求甲接触器失电后方允许乙接触器失电，则将甲接触器的常开触点并入乙接触器的停止按钮两端。

2. 时间原则下顺序控制线路的分析

上述实现顺序控制的方法有时也称为顺序联锁，是利用接触器自身的辅助触点（联锁触点）来实现的，每台电动机的启动和停止通过手动命令（按钮 SB）的发布来实现。而在某些设备中，不同的部件之间也可以按照时间原则依次启动或者停止。

（1）时间原则下多台电动机顺序控制线路的分析

a. 电动机延时接通控制线路的分析

利用通电延时型时间继电器 KT 完成 KM 线圈延时接通的控制线路如图 2-2-12 所示。

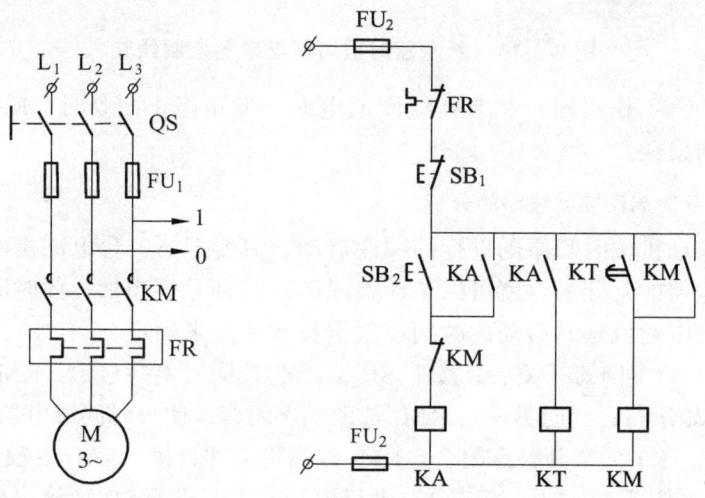

图 2-2-12　电动机延时接通控制线路

该线路的动作原理为：按下启动按钮 SB_2，中间继电器 KA 与时间继电器 KT 同时通电，经过一定的延时后，时间继电器 KT 动作，接触器 KM 通电，同时 KA、KT 线圈失电。即：$SB_2^± \longrightarrow KA_自^+ \longrightarrow KT^+ \longrightarrow KM^+$。

b. 电动机延时断开控制线路的分析

利用时间继电器 KT 完成 KM 线圈延时断开的控制线路如图 2-2-13 所示。

图 2-2-13（a）中，按下启动按钮 SB_2，中间继电器 KA 线圈通电并自锁，同时时间继电器 KT 线圈通电。该线路中时间继电器为断电延时型时间继电器，所以在按下启动按钮 SB_2 的时候，KT 的常开触点立即闭合，将交流接触器 KM 的线圈接通，KM 主触点所控制的电动机立即启动。当按下停止按钮 SB_1 的时候，KA、KT 线圈立即失电，但由于 KT 的触点延时断开，所以 KM 线圈延时断电，使得电动机延时断开。

图 2-2-13（b）中，时间继电器为通电延时型。按下启动按钮 SB_2，交流接触器线圈立即通电并自锁；当按下停止按钮 SB_1 的时候，KA、KT 线圈立即带电，KT 时间到，常闭触点断开，KM、KA、KT 的线圈延时断电。

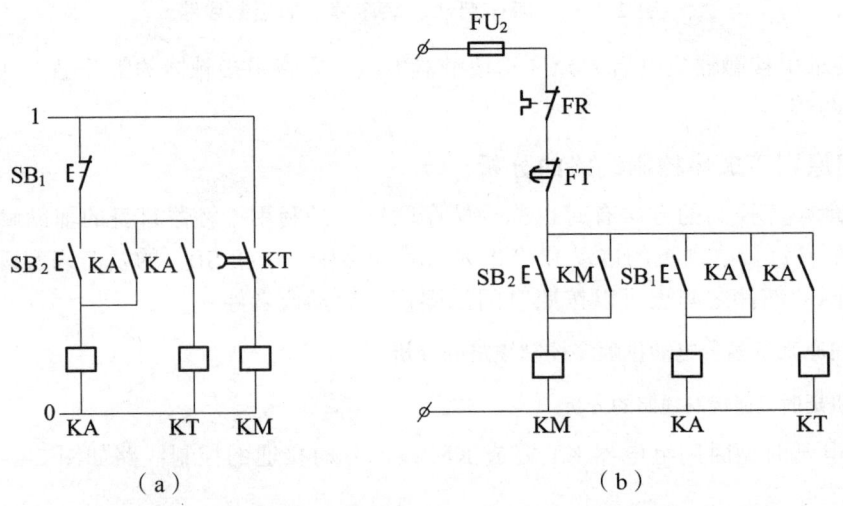

（a） （b）

图 2-2-13 断电延时型时间继电器控制线路

图（b）与图（a）相比较，在 KM 线圈通电而未发布停止命令时，KA 和 KT 线圈未通电，减少了能量的损耗。

c. 多台电动机延时启动控制线路的分析

要实现两台电动机按时间原则进行的顺序启动，只要把第二台电动机的启动信号换成通电延时型时间继电器的常开触点就可以了，如图 2-2-14 所示，当然，此时间继电器的线圈通电时间，即第二台电动机延时启动的时间应根据技术要求来确定。

① 工作原理：合上闸刀开关后，按下 SB_2，KM_1 线圈带电并自锁，KM_1 主触点闭合，第一台电动机 M_1 开始运行；同时另一对 KM_1 辅助触点闭合，使得时间继电器 KT 的线圈得电，开始计时；时间到，KT 的常开触点闭合，KM_2 线圈带电并自锁，KM_2 主触点闭合，第二台电动机 M_2 开始运转；按下 SB_1 时，第一台电动机停止，直到压下 SB_3，第二台电动机停止。

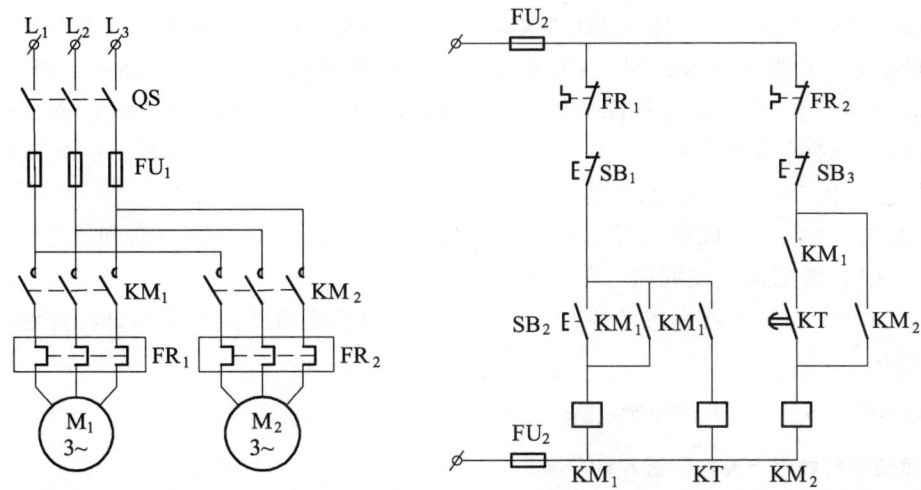

图 2-2-14 按时间原则进行的两台电动机的顺序启动线路

② 电路的工作特点：KT 的常开触点接通了 KM_2 的线圈后，KM_2 自锁，即 KM_2 的常开触点与 KT 的常开触点并联，否则，第二台电动机会随着第一台电动机的停止而停止。仔细分析图 2-2-14 就会发现，在 KM_1 线圈没有失电的时候，按下 SB_3 后 KM_2 失电，但 KT 线圈重新计时，KM_2 有可能重新带电。另外，KM_1 的常开触点和 KT 延时接通的常开触点的串联应用，进一步确保了两台电动机之间的顺序关系，在某些场合里，此处的 KM_1 常开触点可以省略不用。

d. 多台电动机延时停止控制线路的分析

要实现两台电动机按时间原则控制的顺序停止，只要把第二台电动机的停止信号换成通电延时型时间继电器的常闭触点就可以了，如图 2-2-15 所示，当然，此时间继电器线圈的通电时间，即第二台电动机延时停止的时间应根据技术要求来确定。

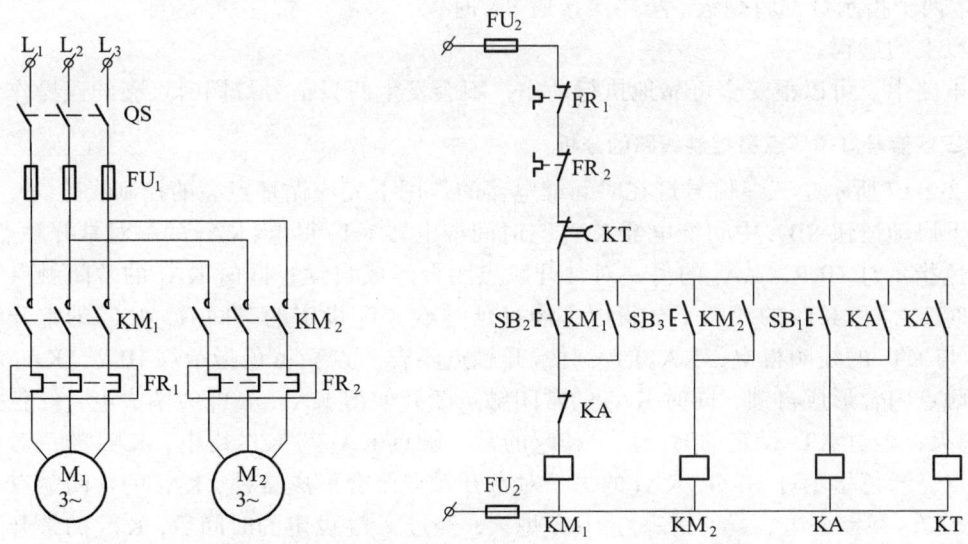

图 2-2-15 按时间原则进行的两台电动机的顺序停止线路

① 工作原理：合上闸刀开关后，按下 SB_2，KM_1 线圈带电并自锁，KM_1 主触点闭合，

第一台电动机 M_1 开始运转；按下 SB_3，KM_2 线圈带电并自锁，KM_2 主触点闭合，第二台电动机 M_2 开始运转；当按下 SB_1 时，SB_1 的常开触点使中间继电器 KA 接通并自锁，KA 的另一对常闭辅助触点立即将 KM_1 线圈失电，第一台电动机停止，同时 KA 的另一对常开触点接通了 KT 线圈，时间继电器 KT 开始计时；时间到，KT 的常闭触点断开，KM_2 线圈失电，KT 线圈失电，第二台电动机 M_2 停止。

在本设计线路中，中间继电器 KA 帮助时间继电器 KT 实现自锁。时间继电器 KT 的常闭触点断开 KM_2 线圈通电的同时，使 KA 失电。

注意：当电气控制线路完成了控制要求后，一定要将带电线路断电，即将控制回路恢复到启动前的状态。

（2）时间原则下信号灯顺序控制线路的分析

a. 两盏信号灯顺序点亮控制线路的分析

图 2-2-16 所示是两盏信号灯 HLR、HLG 在转换开关 SA 接通后顺序点亮的控制线路。

图 2-2-16 所示线路是利用时间继电器的辅助常开触点来完成两只信号灯依次亮灭的。接通组合开关 SA，则时间继电器 KT 线圈得电开始计时，中间继电器 KA_1 得电，KA_1 常开触点闭合，红色指示灯 HLR 点亮；当 KT 延时时间到后，KT 常闭触点断开且保持断开状态，KA_1 失电，KA_1 的常开触点恢复断开，常闭触点恢复闭合状态，红色指示灯 HLR 熄灭，同时 KT 的常开触点闭合，KA_2 线圈得电，KA_2 常开触点闭合，绿色指示灯 HLG 点亮，如果按钮 SA 没有动作，此状态将一直保持；当 SA 断开时，两个指示灯都将熄灭。第二次接通 SA 时，将重复以上的过程。

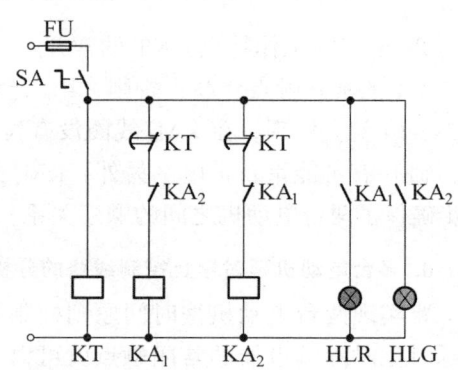

图 2-2-16 两盏信号灯顺序点亮控制线路

此电路中，可以很安全可靠地执行动作，不会发生两只信号灯同时点亮的误操作。

b. 三盏信号灯循环点亮控制线路的分析

图 2-2-17 所示是三盏信号灯在时间继电器的作用下完成循环点亮的控制线路。

按下启动按钮 SB_2，中间继电器 KA_1 与时间继电器 KT_1 得电，KA_1 的一对常开触点闭合，点亮红色指示灯 HLR，KA_1 的另一对常开触点闭合形成自锁，同时 KA_1 的常闭触点断开，保证此时 KA_3 和 KT_3 的线圈不会得电；经过延时给 KT_1 设定的时间后，KT_1 的常开触点使得 KA_2 与 KT_2 的线圈得电，KA_2 的一对常开触点闭合，点亮黄色指示灯 HLY，KA_2 的另一对常开触点闭合形成自锁，同时 KA_2 的常闭触点断开使得 KA_1、KT_1 线圈失电，红色指示灯 HLR 熄灭；经过 KT_2 设定的时间后，KT_2 的常开触点 KA_3 与 KT_3 得电，KA_3 的一对常开触点闭合点亮绿色指示灯 HLG，KA_3 的另一对常开触点闭合形成自锁，KA_3 的常闭触点断开使得 KA_2、KT_2 线圈失电，黄色指示灯 HLY 熄灭；经过 KT_3 设定的时间后，KT_3 的常开触点使得 KA_1 与 KT_1 线圈得电，KA_1 的一对常开触点闭合点亮红色指示灯 HLR，KA_1 的另一对常开触点闭合形成自锁，KA_1 的常闭触点断开使得 KA_3、KT_3 线圈失电，绿色指示灯 HLG 熄灭。接下来重复以上过程，红、黄、绿三只指示灯循环亮灭，直至按下停止按钮 SB_1 为止。

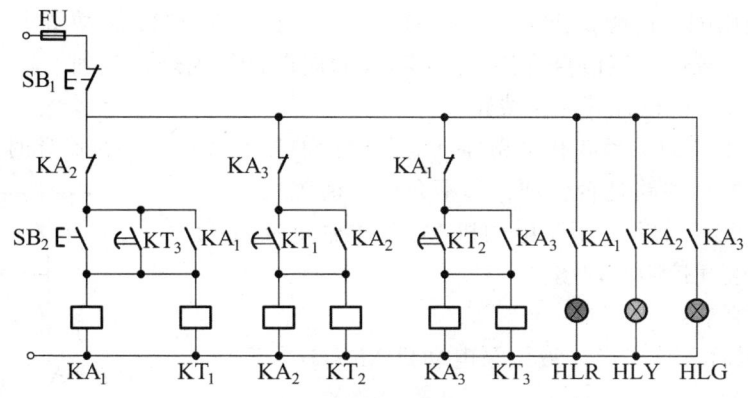

图 2-2-17　三盏信号灯循环点亮控制线路

【思考与提高】

一、选择题

1. 通电延时时间继电器的动作情况是（　　）。
   A. 线圈通电时触点延时动作，断电时触点瞬时动作
   B. 线圈通电时触点瞬时动作，断电时触点延时动作
   C. 线圈通电时触点不动作，断电时触点瞬时动作
2. 断电延时型时间继电器的常开触点为（　　）。
   A. 延时闭合　　　　B. 瞬间闭合　　　　C. 瞬间断开
3. 延时精度要求不高、电压波动较大的场合，应选用（　　）时间继电器。
   A. 空气阻尼式　　　B. 晶体管式　　　　C. 电动式
4. 甲、乙两个接触器，欲实现甲工作后乙才工作，则应（　　）。
   A. 在甲接触器的线圈电路中串入乙接触器的常开触点
   B. 在乙接触器的线圈电路中串入甲接触器的常开触点
   C. 在甲接触器的线圈电路中串入乙接触器的常闭触点。
5. 在图 2-2-18 所示的符号中，表示断电延时型时间继电器触头的是（　　）。

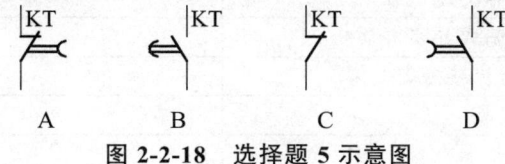

图 2-2-18　选择题 5 示意图

二、判断题

1. 选用空气式时间继电器要考虑环境温度的影响。　　　　　　　　　　　（　　）
2. 时间继电器按延时方式可分为通电延时型和断电延时型。　　　　　　　（　　）

三、分析设计题

1. 数显式时间继电器如何调整延时范围？画出图形符号并解释各触头的动作特点。
2. 有两盏信号灯 HLG 和 HLY，按下启动按钮后，两盏信号灯交替循环点亮，每盏信号灯点亮的时间是 4 s，直到按下停止按钮，两盏信号灯熄灭。试设计其控制线路。

3. 电厂常利用闪光电源报告电气故障的产生。当发生故障时，事故继电器的触点状态发生变化接通故障信号灯，该信号灯接通后以 2 s 的周期进行闪烁，直到故障解决、故障继电器恢复常态才熄灭。试设计其控制线路。

4. 控制电路工作的准确性和可靠性是电路设计的核心和难点，在设计时必须特别重视。试分析图 2-2-19 所示线路是否合理，如不合理，请改之。

5. 完成某专用机床中液压泵电动机 M_1 和主轴电动机 M_2 的控制。试画出电气控制原理图。

有如下控制要求：

① 接通电源后，首先启动液压泵电动机 M_1，10 s 后才能启动主轴电动机 M_2。

② 主轴电动机 M_2 可单独停车，若液压泵电动机 M_1 停止，则主轴电动机 M_2 一起停止。

③ 两台电动机的运转状态均由信号指示灯进行指示。

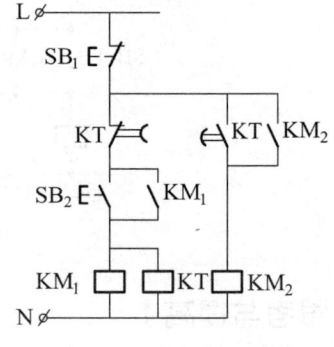

图 2-2-19 分析题 4 线路图

【技能训练】

1. 训练任务

某机床中有三台电动机，控制要求第一台电动机启动 10 s 后，第二台电动机自动启动；第二台电动机运行 5 s 后，第一台电动机停止并同时使第三台电动机自行启动；第三台电动机运行 15 s 后，电动机全部停止。试设计满足控制要求的控制线路并安装、调试。

2. 训练目的

① 进一步熟悉时间继电器等低压电气元件的结构、工作原理、选用及接线方法。

② 进一步加强顺序控制线路的设计、绘图和识图的能力。

③ 进一步熟悉顺序控制线路的安装、调试方法。

3. 训练器材

根据设计方案自行填写下表：

序号	名　　称	型号与规格	数量	备注
1	三相交流电源			
2	三相鼠笼式异步电动机			
3	交流接触器			
4	按　钮			
5	热继电器			
6	时间继电器			
7	交流电压表			
8	万用电表			
9	常用电工工具			
10	导线			

4. 训练过程

明确控制要求→设计电气原理图→选用电气元件→准备实训设备及器材→安装电气线路

→线路绝缘检查→通电试车。

注意: ① 不可带电安装设备或连接导线;② 断开电源后才能进行故障处理;③ 通电检查和试车时必须通知指导老师及附近人员,在有指导教师现场监护的情况下才能通电试车。

任务3 三相交流异步电动机正反转控制线路的分析与安装调试

很多生产机械常常要求具有上、下、左、右等相反方向的运动。在工业生产中,生产机械相反方向的控制可以通过改变机械传动链路而不改变电动机的转动方向来完成,有时也要求通过电动机的正反转控制直接带动生产机械实现相反方向的运行,正/反转控制也称为可逆控制。

【学习目标】

1. 规范与标准

了解相关行业及国家规范与标准。重点是:《机床电气设备通用技术条件国家标准》GB5226—85,《电气传动控制设备第一部分——低压电器电控设备国家标准》GB4720,《电气设备安全设计导则》GB4064—83,《国家电气设备安全技术规范》GB19517—2004,《用电安全导则》GBT13869—92、GB5226—85,《电气简图用图形符号》GB/1-47287—2000、GB/1-47288—2000。

2. 知识目标

掌握行程开关等相关电气元件的结构、使用方法、工作原理及其在电气控制线路中的作用;掌握国家及行业的相关电气电路制图标准及规范,理解电气控制技术中互锁的概念,学会三相交流异步电动机正反转控制、行程控制的基本方法及电气安装接线的方法。

3. 技能目标

能根据实际要求,按照相关行业及国家规范与标准,绘制正反转控制线路原理图并分析其工作原理;能够参照元件选型手册正确选配合适的电气元件,进行正反转控制线路的安装并调试成功。

【相关知识】

一、基本电气元件

某些生产机械的运动状态的转换,是靠部件运行到一定位置时,由行程开关(位置开关)发出信号进行自动控制的。例如,行车运动到终端位置自动停车,也是由运动部件运动的位置或行程来控制的,这种控制称为行程控制,完成行程控制所用的电气元件称之为行程开关。

行程开关又称限位开关或位置开关。它是根据运动部件的位置来自动切换电路的控制电器,它可以将机械位移信号转换成电信号,常用于顺序控制、自动循环控制、定位、限位及终端保护。

行程开关有机械式、电子式两种;机械式又有按钮式和滑轮式两种。机械式行程开关与按钮相同,一般都由一对或多对常开触点、常闭触点组成;但不同之处在于按钮是由人的手指"按",而行程开关是由机械"撞"或对相应信号的检测来完成控制。

机械式行程开关的外形如图 2-3-1（a）所示，图 2-3-1（b）所示为行程开关的电气符号。

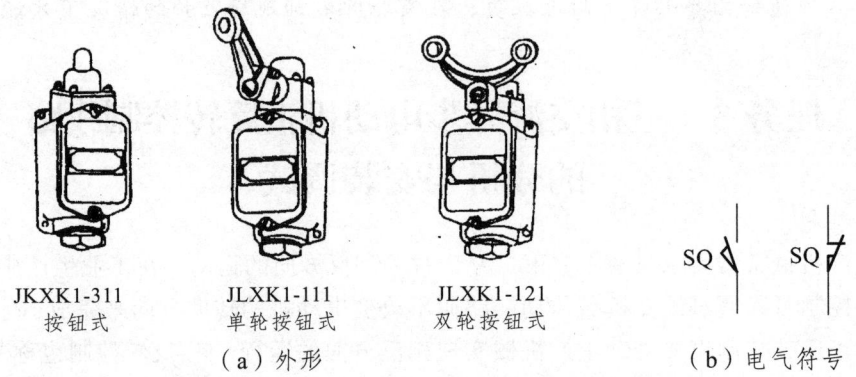

图 2-3-1 常用行程开关的外形及电气符号

行程开关的型号含义如下所示：

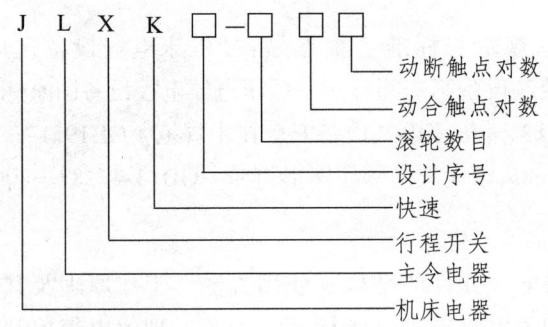

行程开关主要根据机械设备的运动方式与安装位置，如挡铁的形状、工作速度、工作力、工作行程、触点数量以及额定电压、额定电流来选择。

行程控制通常是以行程开关代替按钮来实现对电动机的启动和停止控制，可分为限位断电、限位通电等控制。

二、线路分析

从理论上讲，异步电动机要实现正反转控制，只需改变其电源相序，即将主回路中的三相电源线任意对调其中的两相即可。在实际生产中，常有两种控制方式：一种是利用倒顺开关（或组合开关）改变相序，这种方法我们在后面的 X62W 万能铣床控制线路中会介绍；另一种是利用接触器的主触点改变相序。前者主要适用于不需要频繁正/反转的电动机，而后者则主要适用于需要频繁正/反转的电动机。本任务中介绍利用接触器的主触点改变相序来实现电动机正/反转的控制方法。

1. 手动命令下三相交流异步电动机正反转控制线路的分析

（1）无任何互锁的正反转控制线路的分析

图 2-3-2 所示的电气控制线路利用两个交流接触器 KM_1、KM_2 实现了电动机 U 相和 V 相电源的对调。

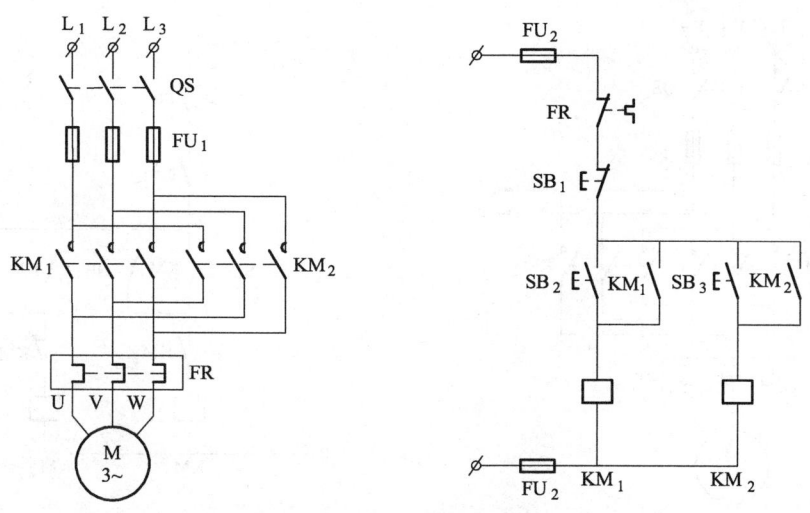

图 2-3-2 无任何互锁的正反转控制线路

控制线路方：按下正转按钮 SB_2 时，KM_1 线圈通电并自锁，接通正序电源，电动机正转；按下反转按钮 SB_3 时，KM_2 线圈通电并自锁，接通反序电源，电动机反转；正向运转和反向运转的停止按钮都是 SB_1。

但仔细观察不难发现，图 2-3-2 所示控制线路虽然可以完成正反转控制的任务，但这个线路是有缺点的，比如，在按下 SB_2、KM_1 主触点闭合、电动机正向运转的同时，又按下反转按钮 SB_3，KM_2 线圈通电自锁，主触点闭合，此时在主电路中将发生 U、V 两相电源短路的事故。为此，下面我们介绍比较安全的控制线路。

（2）电气互锁的正反转控制线路的分析

如图 2-3-3 所示，KM_1 为正转接触器，KM_2 为反转接触器。由于在控制线路方，将 KM_1 的常闭触点串联在了 KM_2 线圈所在的支路中，将 KM_2 的常闭触点串联在了 KM_1 线圈所在的支路中，这两个线圈不可能同时带电，也就是说，KM_1 和 KM_2 两组主触点不能同时闭合，避免了 V 相和 U 相电源相间短路的发生。

在图 2-3-3 中，正、反转接触器 KM_1 和 KM_2 线圈支路都分别串联了对方的常闭触点，任何一个接触器接通的条件是另一个接触器必须处于断电释放的状态。例如，正转接触器 KM_1 线圈被接通得电，它的辅助常闭触点被断开，将反转接触器 KM_2 线圈的支路切断，KM_2 线圈在 KM_1 接触器得电的情况下是无法接通得电的。两个接触器之间的这种相互关系称为"互锁"。在图 2-3-3 所示线路中，互锁是依靠电气元件来实现的，所以也称为电气互锁。实现电气互锁的触点称为互锁触点。

图 2-3-3 所示线路的动作原理为：

正转：　$SB_2^{\pm} \longrightarrow KM_{1自}^{+} \longrightarrow M^{+}$（正转）
　　　　　　　　　　　　　　　$\longrightarrow KM_2^{-}$（互锁）

停止：　$SB_1^{\pm} \longrightarrow KM_1^{-} \longrightarrow M^{-}$（停车）

反转：　$SB_3^{\pm} \longrightarrow KM_{2自}^{+} \longrightarrow M^{+}$（反转）
　　　　　　　　　　　　　　　$\longrightarrow KM_1^{-}$（互锁）

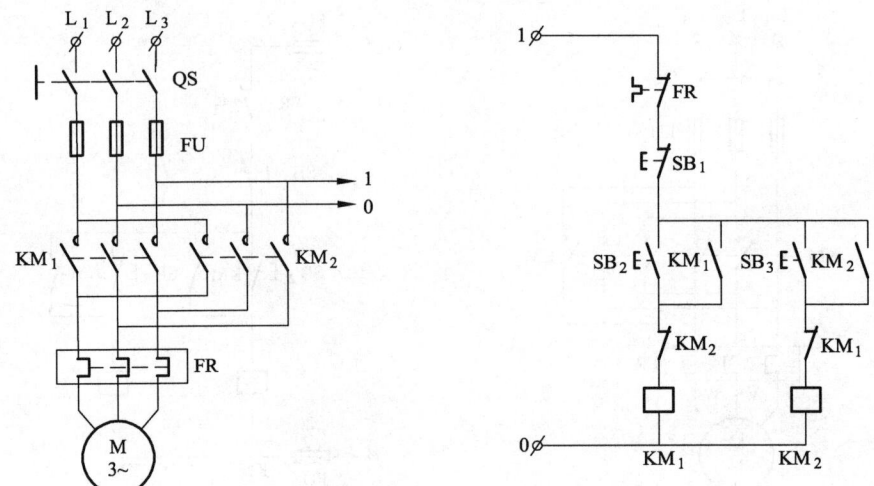

图 2-3-3　电气互锁的正反转控制线路

由以上分析可得出以下结论：

① 当要求甲接触器工作时，乙接触器就不能工作，应在乙接触器的线圈电路中串入甲接触器的常闭触点。

② 当要求甲接触器工作时，乙接触器就不能工作，而乙接触器工作时甲接触器就不能工作，应在两个接触器的线圈电路中串入对方接触器的常闭触点。

电气互锁正反转控制线路避免了相间短路的发生，但该线路存在的主要问题是：当从一个转向过渡到另一个转向时，要先按停止按钮 SB_1，不能直接过渡，为此，下面我们介绍既安全又能直接过渡的控制线路。

（3）按钮互锁的正反转控制线路的分析

图 2-3-4 所示为按钮互锁的正反转控制电路，利用按钮对应的触点在状态发生翻转时常闭触点先断开、常开触点后闭合的特点，可以从正转直接过渡到反转，即可实现"正—反—停"控制。

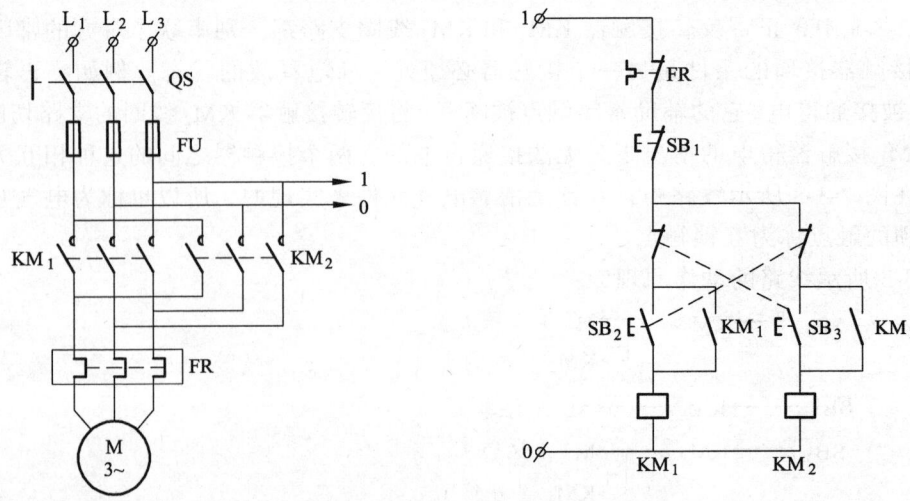

图 2-3-4　按钮互锁的正反转控制线路

该电路存在的主要问题是容易产生短路事故。例如，电动机正转接触器 KM_1 主触点因弹簧老化或剩磁的原因而延迟释放时，或者被卡住而不能释放时，如果按下 SB_3 反转按钮，KM_2 接触器又得电使其主触点闭合，电源会在主电路短路。所以，当需要电动机直接进行正、反转的过渡时，该电路需要加入电气互锁环节。

（4）双重互锁的正反转控制线路的分析

双重互锁的正反转控制线路如图 2-3-5 所示。该线路结合了电气互锁和按钮互锁的优点，是一种比较完善的既能实现正反转直接启动的要求，又具有较高安全可靠性的线路。但是，由于电动机直接在两种不同的转向间调转，冲击电流较大，会影响电动机的使用性能。

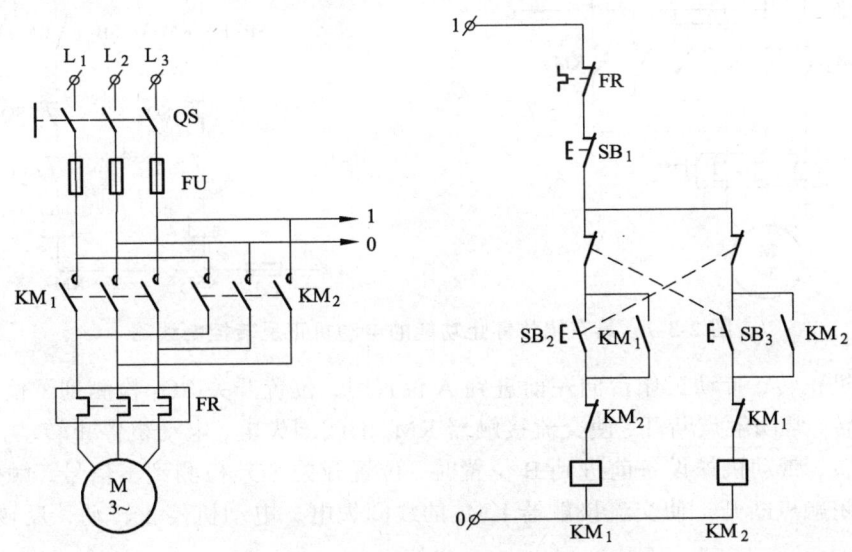

图 2-3-5 双重互锁的正反转控制线路

2. 具有行程控制功能的正反转控制线路的分析

在上述控制线路中，电动机能够成功地实现双向运转，但是电动机的启动和停止命令都是由按钮进行发布的。在图 2-3-6 所示的工作示意图中，要求工作台不仅可以在手动控制命令下任意停止，也可以在接近某一位置时自动停止，这种情况在电气领域中称之为行程控制。

图 2-3-6 所示的是一个基本的往复运动工作示意图，它是利用行程开关来实现的。SQ_1、SQ_2 为行程开关，将 SQ_1 安装在左端需要进行反向的 A 位置上，将 SQ_2 安装在右端需要进行反向的 B 位置上，机械挡铁安装在工作台等运动部件上，运动部件由电动机拖动进行运动。

工作台在行程开关 SQ_1 和 SQ_2 之间往复运动，调节撞块 SQ_1 和 SQ_2 的位置，这样就可以调节工作行程往复的区域大小。

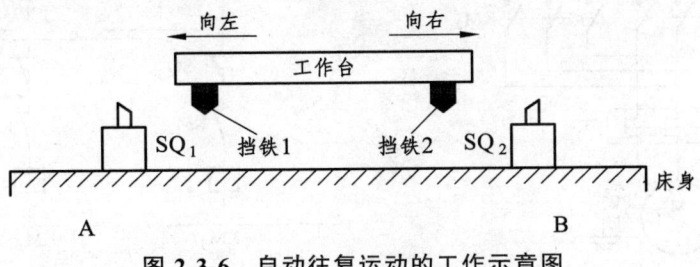

图 2-3-6 自动往复运动的工作示意图

（1）具有限位功能的正反转控制线路的分析

图 2-3-7 所示是具有限位停止功能的电动机正反转控制线路。

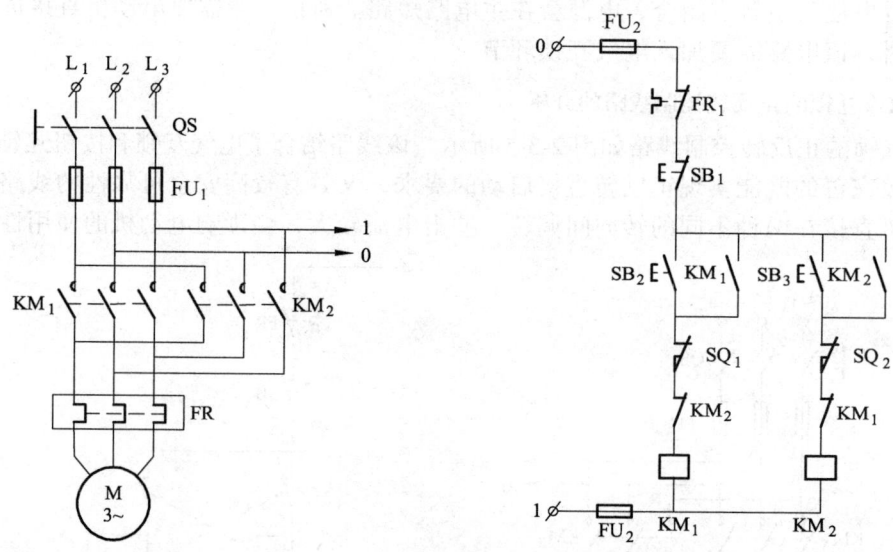

图 2-3-7 具有限位停止功能的电动机正反转控制线路

当电动机正转，带动工作台向左前进到 A 位置时，位置开关 SQ_1 检测到了信号，触点状态发生了翻转，常闭触点断开，使交流接触器 KM_1 的线圈失电，电动机停止转动，正转结束；当电动机反转，带动机械设备前进到 B 位置时，位置开关 SQ_2 检测到了信号，触点状态发生了翻转，常闭触点断开，使交流接触器 KM_2 的线圈失电，电动机停止转动，反转结束。

（2）自动往复运行的电动机控制线路的分析

在实际生产中，有些机械的工作不仅要求电动机带动设备运行到某一位置能自动停止，还要求在到达指定位置时能自动向反方向运动，例如万能铣床的工作台等。

在图 2-3-8 所示的控制线路中，设 KM_1 为向左运动接触器，KM_2 为向右运动接触器。

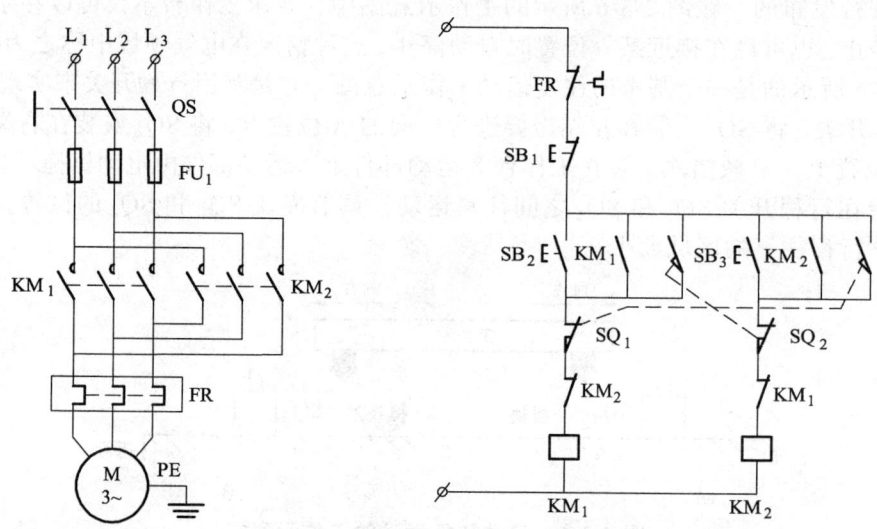

图 2-3-8 自动往复循环控制的线路

图 2-3-8 所示的自动循环控制线路的动作原理为：

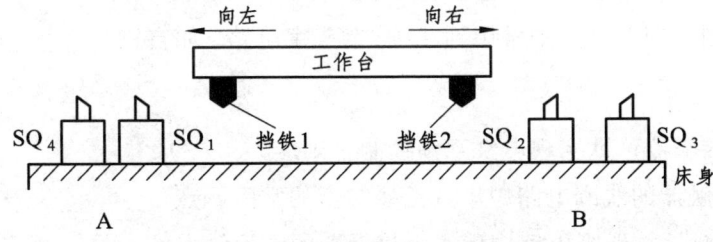

工作台在 SQ_1 和 SQ_2 之间周而复始往复运动，直到按下停止按钮 SB_1 为止。

在实际生产中，往往还需要在 A、B 位置的外侧再加两个行程开关分别作为左、右极限保护，如图 2-3-9 所示。图中，KM_1 为右行接触器，KM_2 为左行接触器。

图 2-3-9 具有极限保护的自动往复工作示意图

对于图 2-3-9 所示的工作示意图，将左、右极限保护用行程开关的常闭触点串接在 KM_1、KM_2 线圈电路中，就可以实现极限保护了，如图 2-3-10 所示。

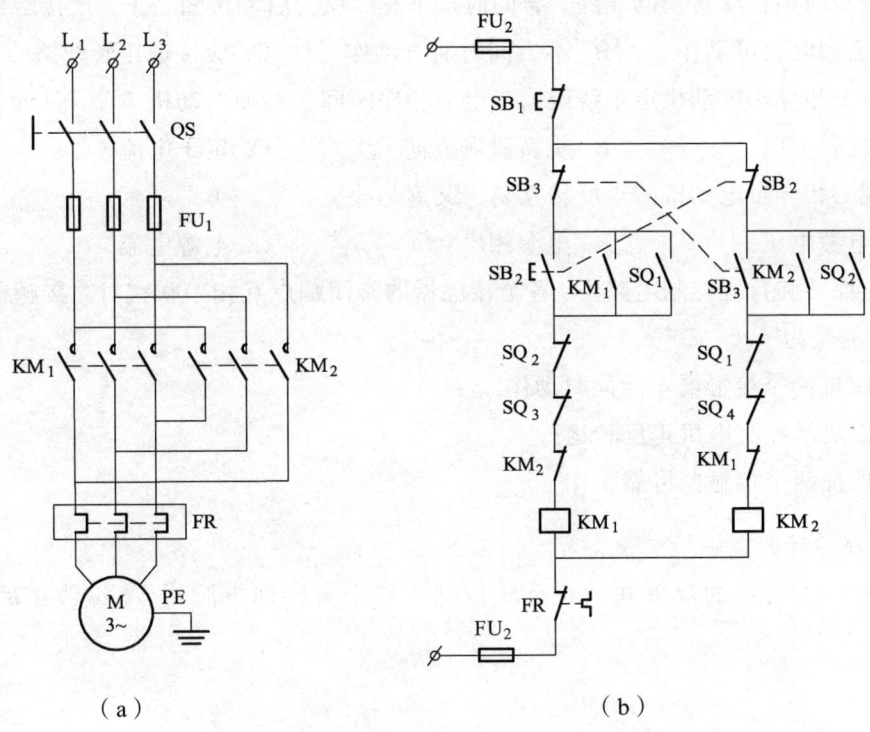

图 2-3-10 具有极限保护的自动往复控制线路

由上述工作过程可见，运动部件每往返一次，电动机就要经受两次反接制动过程，将出现较大的反接制动电流和机械冲击力。因此，这种线路只适用于循环周期较长的生产机械，在选择接触器容量时，应比一般情况下选择得大一些。

【思考与提高】

一、填空题

1. 行程开关也称＿＿＿开关，可将＿＿＿信号转化为电信号，通过控制其他电器来控制运动部分的行程大小、运动方向或进行限位保护。

2. 在电气控制原理电路图中常用到几种"锁"字电路，如自锁、＿＿＿以及顺序联锁等。

二、选择题

1. 甲乙两个接触器，欲实现电气互锁控制，则应（　　）。
   A. 在甲接触器的线圈电路中串入乙接触器的常闭触点
   B. 在乙接触器的线圈电路中串入甲接触器的常闭触点
   C. 在两接触器的线圈电路中串入对方接触器的常闭触点

2. 三相异步电动机的旋转方向决定于（　　）。
   A. 电源电压的大小　　　B. 电源频率的高低　　　C. 定子电流的相序

3. 接触器联锁正反转控制线路，若同时按下正、反转启动按钮，正、反接触器（　　）。
   A. 会同时通电动作　　　B. 不会同时通电动作　　　C. 会接通正转线路

4. 改变三相异步电动机定子绕组输入电源相序瞬间，会使电动机（　　）反向。
   A. 旋转方向　　　B. 旋转磁场方向　　　C. 定子电流

5. 实现三相异步电动机的正反转控制，关键是改变（　　）。
   A. 电源电压　　　B. 电源相序　　　C. 电源电流

6. 在正反转和行程控制电路中，各个接触器的常闭触点互相串联在对方接触器的线圈电路中，其目的是为了（　　）。
   A. 保证两个接触器不能同时动作
   B. 能灵活控制电机正反转运行
   C. 保证两个接触器可靠工作

三、分析设计题

1. 图 2-3-11 所示的双重联锁正反转控制线路中哪些地方画错了，试改正后叙述其工作原理。

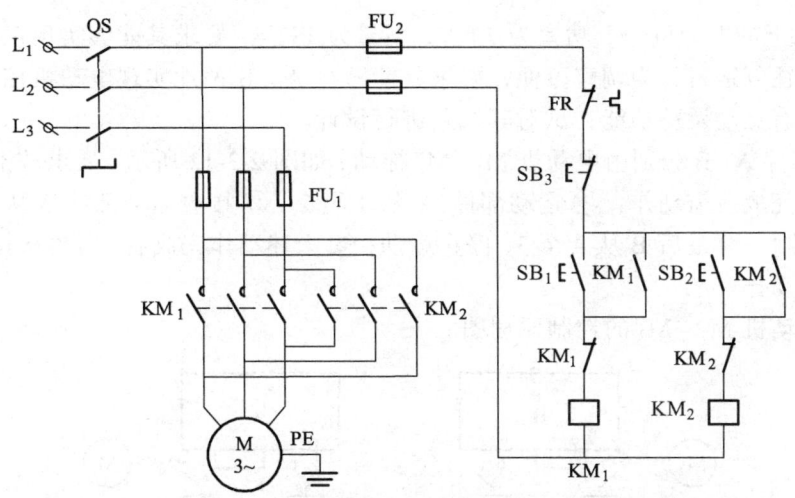

图 2-3-11 分析题 1 题图

2. 比较图 2-3-12（a）、（b）的区别，并解释自锁、互锁的概念及作用。

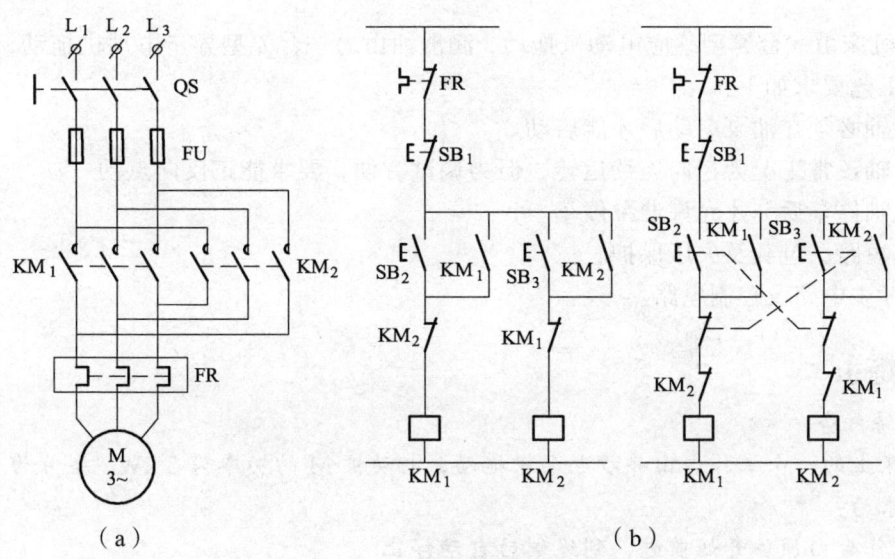

图 2-3-12 分析题 2 线路图

3. 同学们按照图 2-3-3 所示电路进行了安装，安装后通电试车时发现了如下问题：

① 按下正转或者反转启动按钮后，发现相应的交流接触器不停地吸合与释放，电路无法正常工作，松开启动按钮，交流接触器不再吸合。

② 当按下正转按钮后，交流接触器平稳吸合，电动机正转，但是一松开启动按钮则电动机停止。

③ 当按下正转按钮后，交流接触器平稳吸合，电动机正转，当按下停止按钮时电动机停止；当按下反转按钮后，交流接触器平稳吸合，电动机反转，但是按下停止按钮时电动机无法停止。

试分析上述故障产生的原因。

4. 某机床上的电动机 M，功率为 7 kW，型号为 JS2-4，要求其能够实现正反转运动进而带动工作台的往复运行，为调整方便，要求其能够在 A、B 两地实现电动机控制的同时，还要求正向运行有点动调整功能，试对其线路进行设计。

5. 运动部件 A、B 分别由电动机 M_1、M_2 拖动，如图 2-3-13 所示。要求按下启动按钮后，能按下列顺序完成所需动作：① 运动部件 A 从 1 至 2；② 接着运动部件 B 从 3 至 4；③ 接着 A 又从 2 至 1；④ 最后 B 从 4 至 3，停止运动；⑤ 上述动作完成后，若再次按下启动按钮，又按上述顺序动作。

请画出电动机 M_1、M_2 的控制原理图。

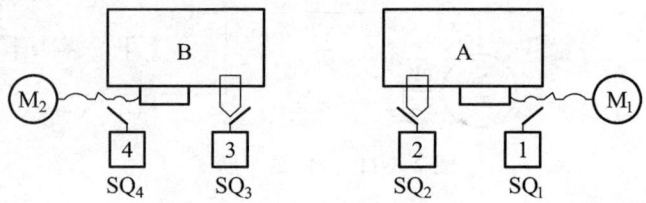

图 2-3-13　分析题 5 线路图

6. 某机床由一台笼型感应电动机拖动，润滑油由另一台笼型异步电动机拖动，均采用直接启动，工艺要求如下：
① 主轴必须在油泵启动后才能启动。
② 主轴正常工况为正向连续运转，但为调试方便，要求能正反向点动。
③ 主轴停车后，才允许油泵停车。
④ 有短路、过载及失压保护。
试设计主电路及控制电路。

【技能训练】

1. 训练任务

某机床上的一个工作台由异步电动机拖动，电动机 M 的功率为 3 kW，型号为 Y90L2-4，其控制要求为：
① 工作台由原位开始前进，到终端后自动停止。
② 在终端停留 2 min 后自动返回原位停止。
③ 要求能在前进或后退途中的任意位置停止和返回。
④ 要求具有限位保护。
试设计满足控制要求的控制线路并安装、调试。

2. 训练目的
① 熟悉行程开关、时间继电器等常用低压电气元件的结构、工作原理、选用及接线方法。
② 进一步加强正反转电气控制线路的设计、绘图和识图能力。
③ 进一步熟悉正反转电气控制线路的安装、调试方法。

3. 训练器材

根据设计方案自行填写下表：

序号	名称	型号与规格	数量	备注
1	三相交流电源			
2	三相鼠笼式异步电动机			
3	交流接触器			
4	按钮			
5	热继电器			
6	时间继电器			
7	行程开关			
8	交流电压表			
9	万用电表			
10	常用电工工具			
11	导线			

4. 训练过程

明确控制要求→设计电气原理图→选用电气元件→准备实训设备及器材→安装电气线路→线路绝缘检查→通电试车。

注意： ① 不可带电安装设备或连接导线；② 断开电源后才能进行故障处理；③ 通电检查和试车时必须通知指导老师及附近人员，在有指导教师现场监护的情况下才能通电试车。

任务4　三相交流异步电动机降压启动控制线路的分析与安装调试

当启动功率较小的电动机的时候，往往采用直接启动，这样控制线路结构简单、使用维护方便。但是，当电动机的功率较大时，如果电源电网容量不比电动机容量大许多倍，则其启动电流不仅会对自身造成一定的影响，还可能会明显地影响同一电网中其他电气设备的正常运行。所以，如果电动机容量在电源电网容量中占较大份额，则需要对三相交流异步电动机采取降压启动。

【学习目标】

1. 规范与标准

了解相关行业及国家规范与标准。重点是：《机床电气设备通用技术条件国家标准》GB5226—85，《电气传动控制设备第一部分——低压电器电控设备国家标准》GB4720，《电气设备安全设计导则》GB4064—83，《国家电气设备安全技术规范》GB19517—2004，《用电安全导则》GBT13869—92、GB5226—85，《电气简图用图形符号》GB/1-47287—2000、GB/1-47288—2000。

2. 知识目标

进一步熟悉常用电气元件的结构、使用方法、工作原理及其在电气控制线路中的作用；掌握国家及行业的相关电气电路制图标准及规范，进一步理解电气控制技术中自锁、互锁、联锁的概念，掌握三相交流异步电动机降压启动控制的基本方法及电气安装接线的方法。

3. 技能目标

能根据实际要求，按照相关行业及国家规范与标准，绘制三相交流电动机降压启动控制线路原理图并进行工作原理分析；能够参照原件选型手册正确选配合适的电气元件对三相交流异步电动机降压启动控制线路进行安装并调试。

【相关知识】

一、三相交流异步电动机启动方式的选择

对于鼠笼型异步电动机，可采用定子串电阻（电抗）降压启动、定子串自耦变压器降压启动、星形-三角形降压启动、延边三角形降压启动等方式；而对于绕线型异步电动机，可采用转子串电阻启动或转子串频敏电阻器启动等方式以限制电动机的启动电流。选择三相交流异步电动机的启动方式，主要应考虑电动机启动对电网的影响，可根据电动机功率与电源变压器容量之比来选择电动机的启动方式，笼型异步电动机启动方式参见表 2-4-1。

表 2-4-1 电动机的启动方式与电动机功率／电源变压器容量的关系

电动机功率（kW）/电源变压器容量	0.35 以下	0.35～0.58	0.58 以上
启动方式	直接启动	用串联电阻（电抗）的方法或 Y-△ 降压启动的方法	用延边三角形或自耦变压器降压启动

二、线路分析

1. 定子绕组串电阻降压启动控制线路的分析

定子绕组串电阻（电抗）降压启动是指启动时，在电动机定子绕组上串联电阻（电抗），根据串联分压的原理，启动电流在电阻上产生电压降，使实际加到电动机定子绕组中的电压低于额定电压(也就是电动机启动电压)，待电动机转速上升到一定值后，再将串联的电阻(电抗)短接，使电动机在额定电压下运行。

（1）按钮控制的电动机定子绕组串电阻降压启动控制线路的分析

按钮控制的电动机定子绕组串电阻降压启动线路如图 2-4-1 所示。其动作原理是：

$$SB_2^* \to KM_{1自}^+ \to M^+ (串\ R\ 降压启动) n_2 \uparrow \cdots$$
$$SB_3^* \to KM_{2自}^+ \to M^+ (全压运行)$$

式中，$n_2 \uparrow$ 是指转子转速的上升，串电阻降压启动时，KM_1 接通，启动过程结束，交流接触器 KM_2 的主触点将 KM_1 的主触点及电阻一起短接。该控制线路的优点是结构简单，缺点是不能实现启动全过程自动化。

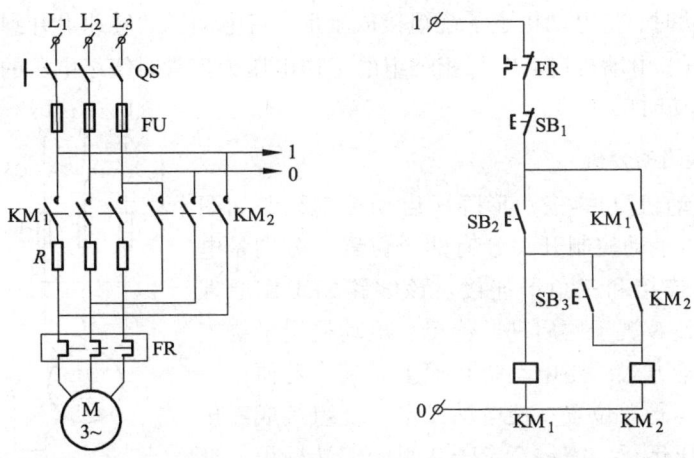

图 2-4-1 按钮控制的电动机定子绕组串电阻降压启动线路

（2）时间继电器控制的电动机定子绕组串电阻降压启动控制线路的分析

继电器控制的电动机定子绕组串电阻降压启动控制线路如图 2-4-2 所示，其动作原理是：

$$SB_2^{\pm} \rightarrow KM_1 自锁 \rightarrow M^+ (定子方串电阻降压启动)$$
$$\rightarrow KT^+ \xrightarrow{\Delta t} KM_2^+ 自锁 \rightarrow M^+ (全压运行)$$
$$\rightarrow KM_1^- 互锁$$

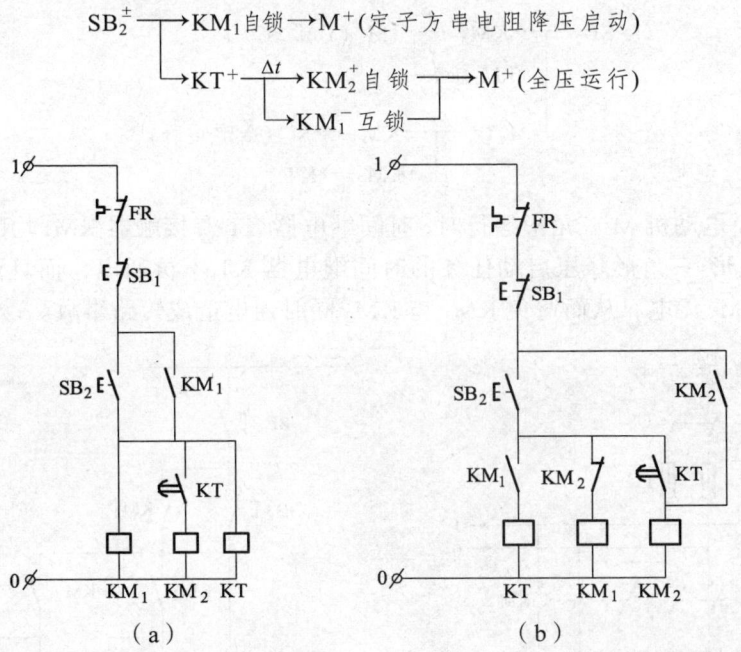

（a）　　　　　　　　（b）

图 2-4-2 时间继电器控制的电动机定子绕组串电阻降压启动控制线路

由图 2-4-2（a）可知，按下启动按钮 SB_2 后，电动机 M 先串电阻 R 降压启动，经一定延时（由时间继电器 KT 确定），电动机 M 全压运行。但在全压运行期间，时间继电器 KT 和接触器 KM_1 线圈均通电，不仅消耗电能，而且减少了电器的使用寿命。图 2-4-2（b）所示为另一种时间继电器控制的定子绕组串电阻降压启动控制线路，该线路在电动机全压运行时，KT 和 KM_1 线圈都断电，只有 KM_2 线圈通电。

2. 星形-三角形降压启动控制线路的分析

正常运行时，定子绕组为三角形连接方式的三相交流异步电动机可以采用星形-三角形降压启动,即电动机启动时,将电动机定子绕组接成星形,待电动机的转速上升到一定值时,再转换成三角形连接。这样,电动机启动时每相绕组的工作电压为正常时绕组电压的 $1/\sqrt{3}$ 倍,启动电流为三角形直接启动时的 1/3。

(1) 手动控制线路的分析

手动控制的电动机星形-三角形降压启动控制线路如图 2-4-3 所示。图中,手动控制开关 S 有两个位置,分别是电动机定子绕组星形连接和三角形连接。该线路的工作原理为:启动时,将开关 S 置于"启动"位置,电动机定子绕组被接成星形降压启动方式;当电动机转速上升到一定值后,再将开关 S 置于"运行"位置,使电动机定子绕组接成三角形方式,电动机全压运行,需注意定子绕组同铭端标识。

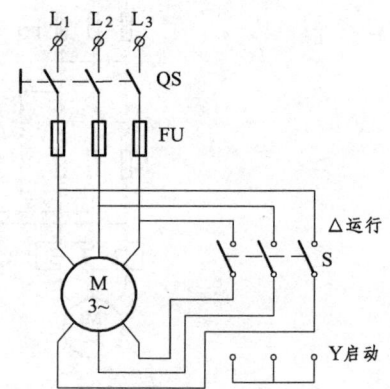

图 2-4-3 手动控制的电动机星形—三角形降压启动线路

(2) 自动控制线路的分析

采用接触器控制的电动机星形-三角形降压启动线路如图 2-4-4 所示。其动作原理是:

$$SB_2^+ \rightarrow KM_3^+ \rightarrow M^+ (Y形启动)$$
$$\rightarrow KM_1 自锁$$
$$\rightarrow KT^+ \xrightarrow{\Delta t} KM_3^- \rightarrow M^+ (\triangle 形运行)$$
$$\rightarrow KM_2^+ \rightarrow KT^-$$

图 2-4-4 中,电动机 M 三角形运行时,时间继电器 KT 和接触器 KM_3 均断电释放,这样,不仅使已完成星形-三角形降压启动任务的时间继电器 KT 不再通电,而且可以确保接触器 KM_2 通电后,KM_3 无电,从而避免 KM_3 与 KM_2 同时通电造成短路事故。

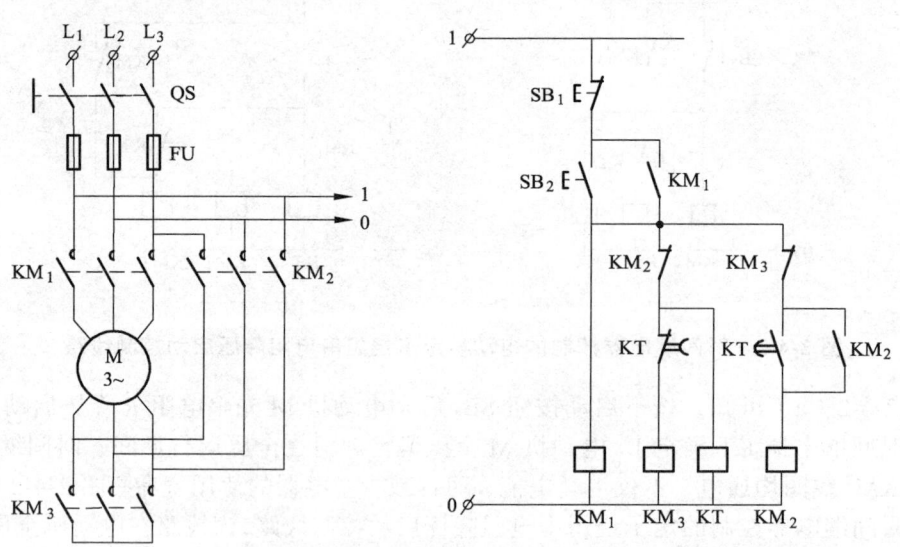

图 2-4-4 接触器控制的电动机星形-三角形降压启动线路

图 2-4-5 所示为另一种自动控制的电动机星形-三角形降压启动控制线路。

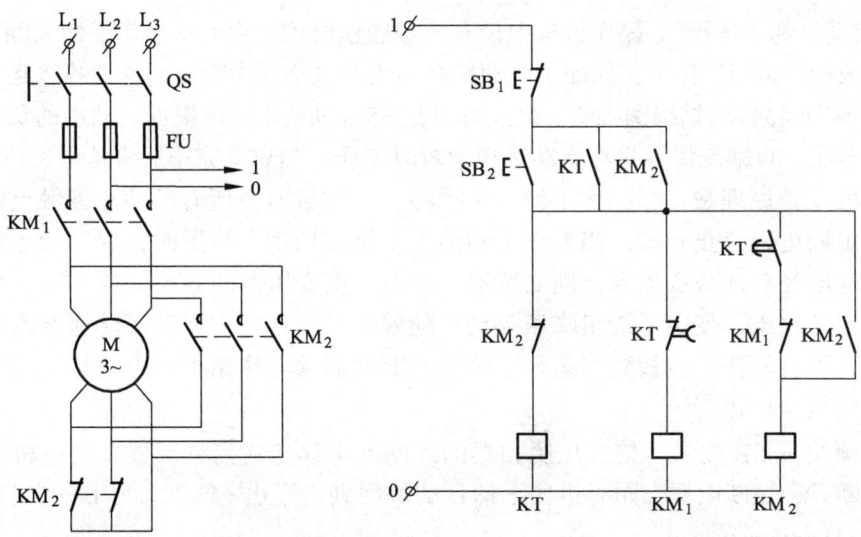

图 2-4-5　自动控制的电动机星形-三角形降压启动的控制线路

图 2-4-5 中，不仅只采用两个接触器 KM₁、KM₂，而且电动机由星形接法转为三角形接法时是在切断电源的同时间内完成的，即按下按钮 SB₂，接触器 KM₁ 通电，电动机 M 接成星形启动，经过一段时间延时后工作，KM₁ 瞬时断电，KM₂ 通电，电动机 M 接成三角形，然后 KM₁ 再重新通电，电动机 M 才开始三角形全压运行。

3. 自耦变压器降压启动控制线路的分析

对于容量较大的正常运行时定子绕组接成星形的笼型异步电动机，可采用自耦变压器降压启动，即电动机启动时，将自耦变压器接入电动机的定子回路，待电动机的转速上升到一定值时，再切除自耦变压器，使电动机定子绕组获得全部工作电压。这样，启动时电动机每相绕组电压为正常工作电压的 $1/k$ 倍（k 是自耦变压器的匝数比，$k=N_1/N_2$），启动电流也为全压启动电流的 $1/k^2$ 倍。

（1）手动控制线路的分析

手动控制的自耦变压器降压启动控制线路如图 2-4-6 所示。图中，操作手柄有三个位置：

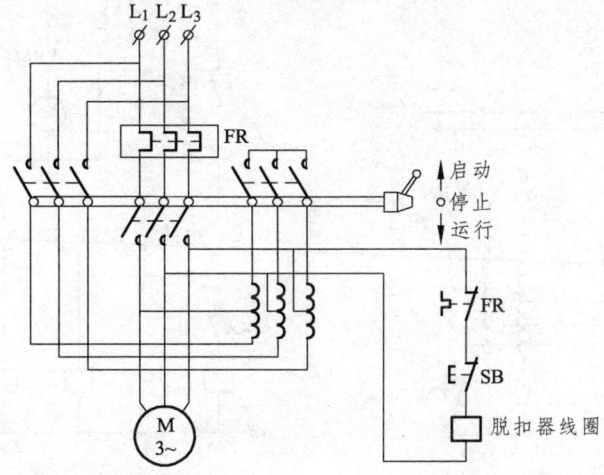

图 2-4-6　手动控制的自耦变压器降压启动控制线路

"停止"、"启动"和"运行"。操作机构中设有机械连锁机构，它使得操作手柄未经"启动"位置就不可能扳到"运行"位置，保证了电动机必须先经过启动阶段以后才能投入运行。自耦变压器备有 65% 和 85% 两挡线圈抽头，出厂时接在 65% 抽头上，可根据电动机的负载情况选择不同的启动电压。自耦变压器只在启动过程中短时工作，当启动完毕后应从电源中切除。

该电路的动作原理是：当操作手柄置于"停止"位置时，所有的动、静触点都断开，电动机定子绕组断电，停止转动。当操作手柄向上推至"启动"位置时，启动触点和中性触点同时闭合，电流经启动触点流入自耦变压器，再由自耦变压器的 60%（或 85%）抽头处输出到电动机的定子绕组，使定子绕组降压启动；随着启动的进行，当转子转速升高到接近额定转速附近时，可将操作手柄扳到"运行"位置，此时启动工作结束，电动机定子绕组得到电网电压，电动机全压运行。

停止时须按下 SB 按钮，使失压脱扣器的线圈断电而造成衔铁释放，通过机械脱扣装置将运行触点断开，切断电源，同时也使手柄自动跳回到"停止"位置，为下一次启动做准备。

（2）自动控制线路的分析

图 2-4-7 所示为自耦变压器降压启动自动控制线路图，它是依靠接触器和时间继电器实现自动控制的。其中，信号指示电路由变压器和三个指示灯等组成，它们分别根据控制线路的工作状态显示"启动"、"运行"和"停机"。该线路的动作原理是：

$$SB_2^{\pm} \rightarrow KM_{1自}^{+} \rightarrow M^{+}(利用自耦变压器降压启动)$$
$$\rightarrow KM_2^{-}(互锁)$$
$$\rightarrow HL_2^{+}(指示降压启动)$$
$$\rightarrow KT^{+} \xrightarrow{\Delta t} KA_{自}^{+} \rightarrow KM_1^{-} \rightarrow M^{-}$$
$$\rightarrow KM_1^{-}、KT^{-}、KM_2（互锁解除）$$
$$\rightarrow KM_2^{+} \rightarrow M 全压运行$$
$$\rightarrow HL_2^{-}，HL_1^{-}$$
$$\rightarrow HL_3^{+}(指示全压运行)$$

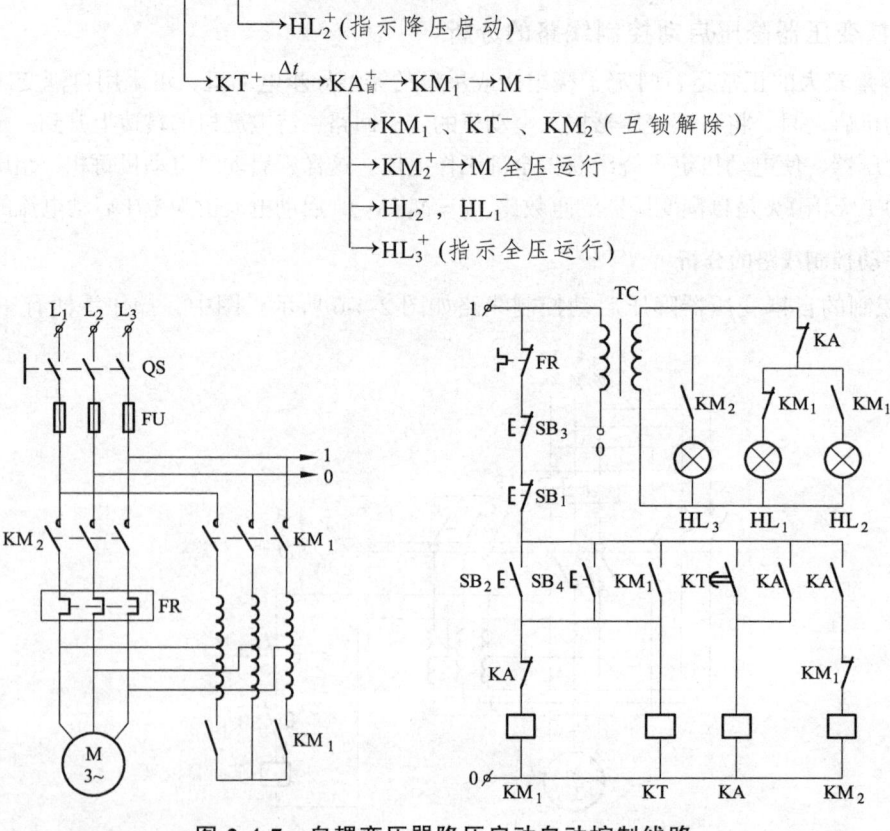

图 2-4-7 自耦变压器降压启动自动控制线路

图 2-4-7 中还另外设置了 SB_3、SB_4 两个按钮,它们不安装在自动补偿器箱中,可以安装在外部,以便实现远程控制。在自动启动补偿箱中一般只留下四个接线端,SB_3 和 SB_4 用引线接入箱内。

(3) 接触器控制线路的分析

图 2-4-8 所示为三个接触器控制的自耦变压器降压启动控制线路。图中线路由三个接触器控制,主电路增加了电流互感器 TA,它一般在容量为 100 kW 以上的电动机降压启动控制线路中使用,热继电器 FR 的发热元件上并联的 KA 动合触点是在启动时短接发热元件,以防止因启动电流过大而造成误动作;而运行时,KA 触点断开,主电路经电流互感器串入发热元件,达到过载保护的目的。三个指示灯 HL_1、HL_2、HL_3 分别表示停机且线路电压正常、降压启动和全压运行三种状态,S 为选择开关,有自动和手动两种位置。

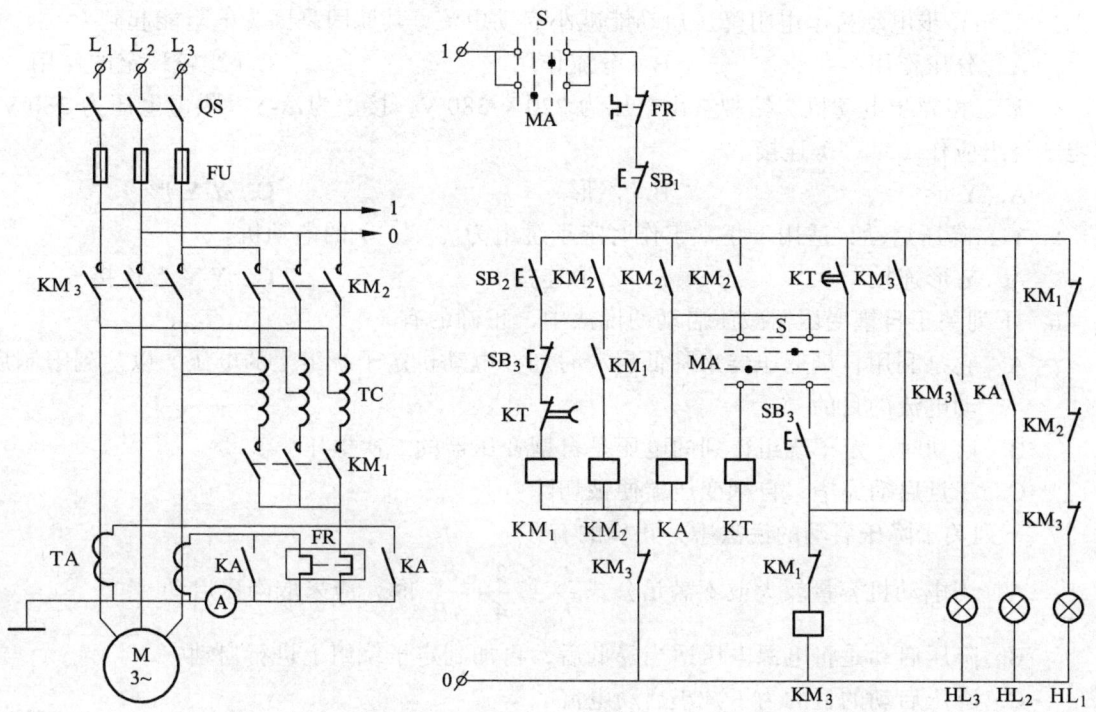

图 2-4-8 三个接触器控制的自耦变压器降压启动控制线路

【思考与提高】

一、填空题

1. 交流电动机的降压启动控制方式主要有:_____ 降压启动、_____ 降压启动、_____ 降压启动及 _____ 降压启动。

2. 自耦变压器降压启动是指电动机启动时,利用 _____ 来降低加在电动机定绕组上的启动电压;待电动机启动后,再 _____,从而在全压下正常运行。

3. 星形-三角形降压启动是指在电动机启动时,利用 _____ 来降低加在电动机定绕组上的启动电压;待电动机启动后,再 _____,从而使电动机在全压下正常运行,这种降压启动的控制方式要求电动机定子绕组的额定接法为 _____。

二、判断题

1. 自耦变压器降压启动的方式适合于频繁启动电动机的场合。（　　）
2. 定子绕组为 Y 形接法的三相异步电动机也可以采用 Y-△ 降压启动。（　　）
3. 三相异步电动机采用星形-三角形降压启动，两种情况下启动转矩之比为 1∶3。（　　）

三、选择题

1. 三相异步电动机的启动电流是指（　　）。
   A. 定子绕组的线电流　　　B. 定子绕组的相电流　　　C. 转子电流
2. 某三相鼠笼式异步电动机，容量为 10kW，启动电流是额定电流的 7 倍，由一台 180 kV·A 变压器供电，该电动机应采用（　　）启动。
   A. 直接　　　　　　　　B. 降压　　　　　　　　C. 星形
3. 三相异步电动机串电阻降压启动能减小启动电流，其原因是因为电阻能起到（　　）。
   A. 分压作用　　　　　　B. 分流作用　　　　　　C. 比较稳定的作用
4. 某三相异步电动机，铭牌查出电压为 220 V/380 V，接法为△-Y，供电电压为 380 V，其定子绕组应作（　　）连接。
   A. Y 形　　　　　　　　B. △形　　　　　　　　C. Y-Y 形
5. Y-△降压启动，适用于正常工作时定子绕组为（　　）的电动机。
   A. Y 形连接　　　　　　B. △形连接　　　　　　C. Y-Y 形连接
6. 下列关于自耦变压器减压启动的说法中，正确的有（　　）。
   A. 它是利用自耦变压器来降低启动时加在电动机定子绕组上的电压，以达到限制启动电流的目的
   B. 启动时，定子绕组得到的电压是自耦变压器的二次电压
   C. 一旦启动完毕，自耦变压器便被切除
7. 下列关于降压启动的说法中，正确的有（　　）。
   A. 当电动机容量较大或不满足公式 $\dfrac{I_{st}}{I_N} \leqslant \dfrac{3}{4} + \dfrac{S_N}{4P_N}$ 时，应采取降压启动
   B. 降压启动是将电源电压适当降低后，再加到定子绕组上进行启动
   C. 降压启动的目的为了减小启动电流
8. 下列关于定子串电阻降压启动的说法中，正确的有（　　）。
   A. 在定子上串电阻，是利用电阻的分压作用使加在电动机绕组上的电压低于电源电压
   B. 启动完毕后，定子上所串联的电阻即被短接
   C. 通过启动电阻的电流较大，故要求电阻具有较大的功率
9. 下列关于电动机 Y-△连接降压启动的说法中，正确的有（　　）。
   A. 启动时，把定子绕组连接成星形，启动即将完毕时再恢复成三角形
   B. 这种启动方法只适用于正常工作时定子绕组为星形连接的电动机
   C. 这种启动方法只适用于正常工作时定子绕组为三角形连接的电动机

四、分析题

1. 找出图 2-4-9 所示的 Y-△ 降压启动控制线路中的错误，并画出正确的电路。

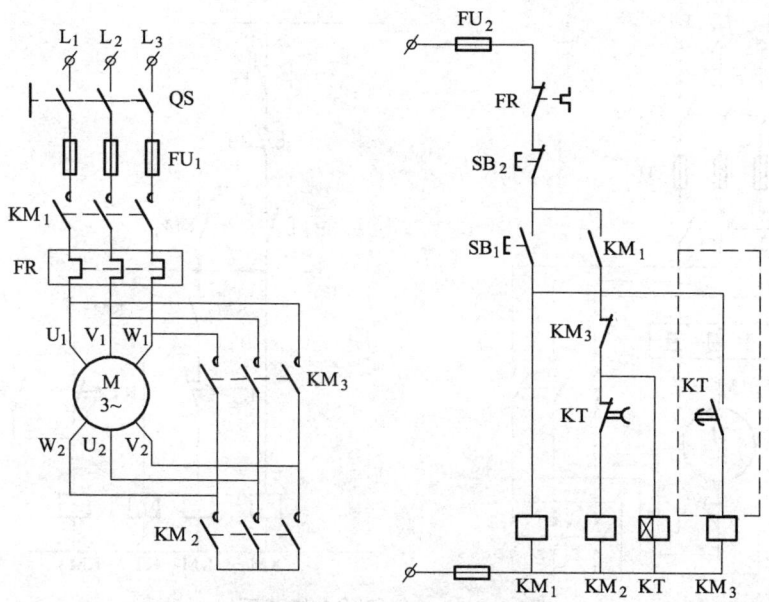

图 2-4-9 分析题 1 线路图

2. 图 2-4-10 所示为抽水机电机控制线路，其属于什么启动方法？请分析其工作过程。

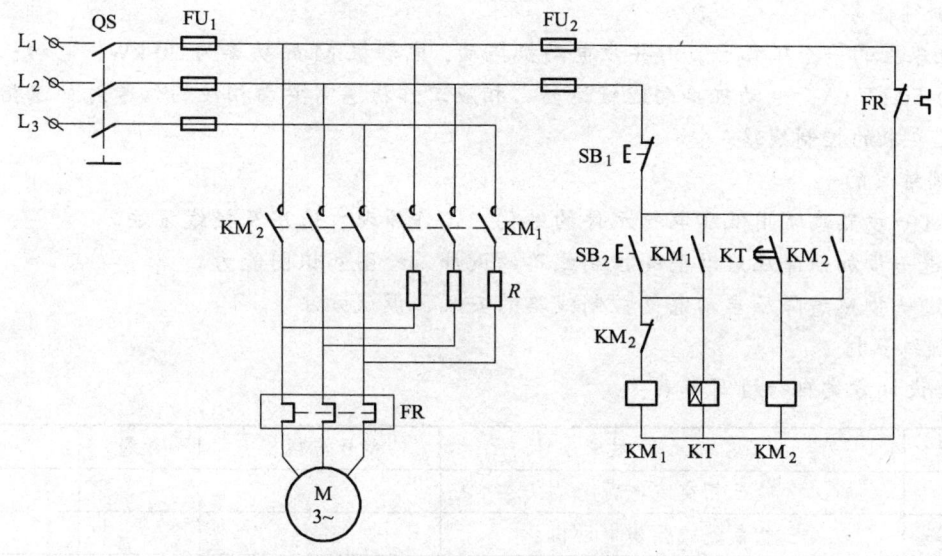

图 2-4-10 分析题 2 线路图

3. 标出图 2-4-11 所示电路中交流接触器的符号，指出它是什么控制电路，写出它的控制原理。

4. 某机床的主轴电动机是 Y-△降压启动控制，要求：

① 按下正向启动按钮时主轴（Y-△降压启动）正向旋转，按下反向启动按钮时主轴（Y-△降压启动）反向旋转，直至按下停止按钮后电动机停止。

② 主拖动电动机为三相异步电动机，请画出主电路，主电路应具有短路、过载、失压保护。

③ 试画出满足要求的控制电路，它应具有必要的电气保护和联锁。

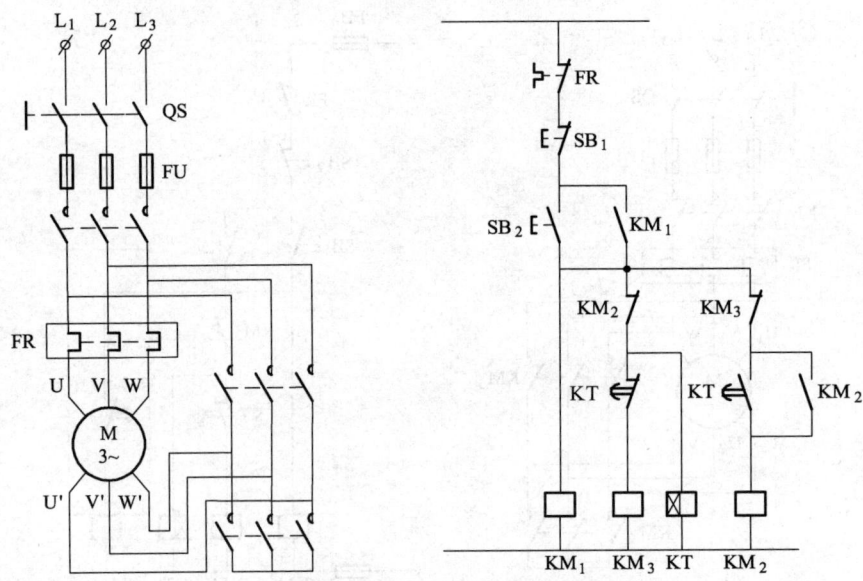

图 2-4-11 分析题 3 线路图

【技能训练】

1. 训练任务

某机床上的一个工作台,由异步电动机拖动,电动机 M 的功率为 20 kW,电动机所在电网容量为 50 kV·A,电动机单向连续运转,相应工作状态需要由相应的信号灯加以指示。请设计满足要求的控制线路。

2. 训练目的

① 进一步熟悉常用低压电气元件的结构、工作原理、选用及接线方法。
② 进一步加强降压启动电气控制线路的设计、绘图和识图能力。
③ 进一步熟悉降压启动电气控制线路的安装、调试方法。

3. 训练器材

根据设计方案自行填写下表:

序号	名 称	型号与规格	数量	备注
1	三相交流电源			
2	三相鼠笼式异步电动机			
3	交流接触器			
4	按 钮			
5	热继电器			
6	信号灯			
7	交流电压表			
8	万用电表			
9	常用电工工具			
10	导线			

4. 训练过程

明确控制要求→设计电气原理图→选用电气元件→准备实训设备及器材→安装电气线路→线路绝缘检查→通电试车。

注意：① 不可带电安装设备或连接导线；② 断开电源后才能进行故障处理；③ 通电检查和试车时必须通知指导老师及附近人员，在有指导教师现场监护的情况下才能通电试车；④ Y-△降压启动只适用于正常运行时为三角形连接的电动机。

任务5　三相交流异步电动机制动控制线路的分析与安装调试

一般情况下，电动机从切断电源到转轴安全停止旋转，由于惯性的原因总要经过一段时间，这就使得非生产时间拖长。如果设备对停止的要求不高，可以采用直接切断电源让电动机自由停止的方法。在某些设备中，为了保证设备的可靠性，实现设备的快速、准确停车，会对电动机惯性作用采取措施，强制其迅速停车，这就是"制动"。

【学习目标】

1. 规范与标准

了解相关行业及国家规范与标准。重点是：《机床电气设备通用技术条件国家标准》GB5226—85，《电气传动控制设备第一部分——低压电器电控设备国家标准》GB4720，《电气设备安全设计导则》GB4064—83，《国家电气设备安全技术规范》GB19517—2004，《用电安全导则》GBT13869—92、GB5226—85，《电气简图用图形符号》GB/1-47287—2000、GB/1-47288—2000。

2. 知识目标

掌握速度继电器等电气元件的结构、使用方法、工作原理及其在电气控制线路中的作用；掌握国家及行业的相关电气电路制图标准及规范；理解电气控制技术中自锁、互锁、联锁的概念；掌握三相交流异步电动机电气制动控制的基本方法及电气安装接线的方法。

3. 技能目标

能根据实际要求，按照相关行业及国家规范与标准，绘制制动控制线路原理图并分析工作原理；能够参照元件选型手册正确选配合适的电气元件安装三相交流异步电动机电气制动控制线路并成功。

【相关知识】

一、基本电气元件

速度继电器主要用于笼型异步电动机的反接制动控制，亦称反接制动继电器。

速度继电器的外形结构如图2-5-1（a）所示，它主要由转子、定子和触点三部分组成。

转子是一个圆柱形永久磁铁；定子是一个笼型空心圆环，由硅钢片叠成，并装有笼型绕组。2-5-1（b）所示是速度继电器的电气符号。

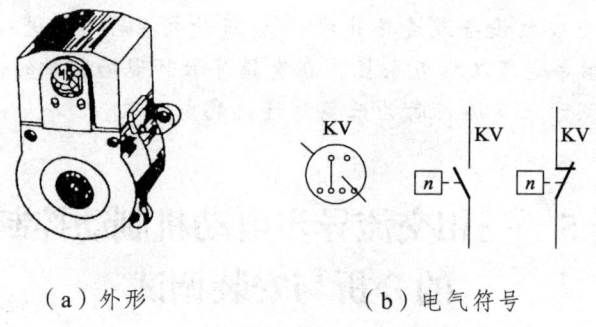

（a）外形　　　　　　（b）电气符号

图 2-5-1　速度继电器的外形结构及符号

速度继电器的动作原理如图 2-5-2 所示。其转轴与电动机的轴相连接，而定子空套在转子上。当电动机转动时，速度继电器的转子（永久磁铁）随之转动，在空间产生旋转磁场，切割定子绕组，而在其中感应出电流。此电流又在旋转的转子磁场作用下产生转矩，使定子随转子一起旋转，和定子装在一起的摆锤推动触头动作，使常闭触点断开，常开触点闭合。当电动机转速低于某一值时，定子产生的转矩减小，动触头复位。

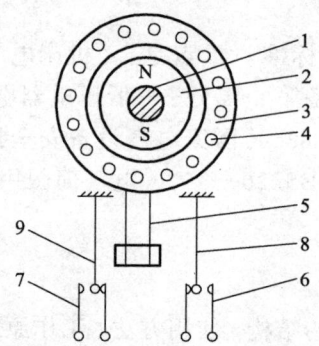

图 2-5-2　速度继电器的动作原理
1—转轴；2—转子；3—定子；4—绕组；5—摆锤；6，7—静触点；8，9—动触点

一般速度继电器的动作转速为 120 r/min，触头的复位转速在 100 r/min 以下，在电动机转速为 3 000～3 600 r/min 及以下时能可靠工作。

常用的速度继电器有 JY1 型和 JFZ0 型，其型号及含义如下所示：

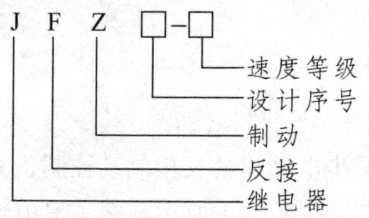

二、线路分析

三相交流异步电动机的制动,一般是指在电动机断开三相电源后,在转轴上施加一个与转动方向相反的力来阻止电动机继续运转,这个力可能是机械力也可能是电磁力,但无论是哪种力,一般都应该在转子转速为零的时候消失以避免电动机反转。

三相异步电动机的制动分为两大类:机械制动和电气制动。机械制动是在电动机断电后,利用机械装置的摩擦力对其转轴施加相反的作用力矩(制动力矩)来进行制动。机械制动有电磁抱闸和电磁离合器等控制方式。电气制动是使电动机停车时产生一个与转子原来的实际运行方向相反的电磁力矩(制动力矩)来进行制动。常用的电气制动有反接制动、能耗制动和反馈制动。

1. 三相交流异步电动机反接制动控制线路的分析

反接制动是在电动机的三相电源被切断后,立即通上与原相序相反的三相交流电源,以形成与电动机原旋转方向相反的电磁力矩,利用这个制动力矩使电动机迅速停止转动。这种制动方式必须在电动机转速降到接近零时切除电源,否则电动机在反向力矩的作用下可能会反向运行,造成事故。反接制动按照断开外接反向电源的方式分为时间原则和速度原则两种情况。

在反接制动时,电动机定子绕组流过的电流相当于全电压启动时电流的两倍,为了限制制动电流对电动机转轴的冲击力,往往在定子电路中串入限流电阻。

反接制动的优点是制动迅速,但制动时冲击电流大,能量消耗也大,故常用于不经常启动和制动的小容量电动机。

(1)速度原则下的单向反接制动控制线路的分析

三相异步电动机在速度原则下的单向运转反接制动控制线路如图 2-5-3 所示。

图 2-5-3 中,主电路中所串电阻 R 为制动限流电阻,以防止反接制动瞬间过大的电流造成电动机的损坏。速度继电器 KV 与电动机同轴,当电动机转速上升到一定数值时,速度继电器的常开触点闭合,为制动做好准备。制动时电动机转速迅速下降,当其转速下降到接近零时,速度继电器常开触点恢复断开,接触器 KM_2 线圈断电,以防止电动机反转。

图 2-5-3 所示线路的动作原理为:

启动:$SB_2^{\pm} \longrightarrow KM_{1自}^{+} \rightarrow M^{+}(正转) \xrightarrow{n\uparrow} KV^{+}$
　　　　　　$\longrightarrow KM_2^{-}(互锁)$

反接制动:$SB_1^{\pm} \longrightarrow KM_1^{-} \rightarrow 电动机脱离电源,正向失电$
　　　　　　　$\longrightarrow KM_1(互锁解除) \rightarrow KM_{2自}^{+} \rightarrow M^{+}(串R制动) \xrightarrow{n\downarrow} KV^{-} \rightarrow KM_2^{-} \rightarrow M^{-}$

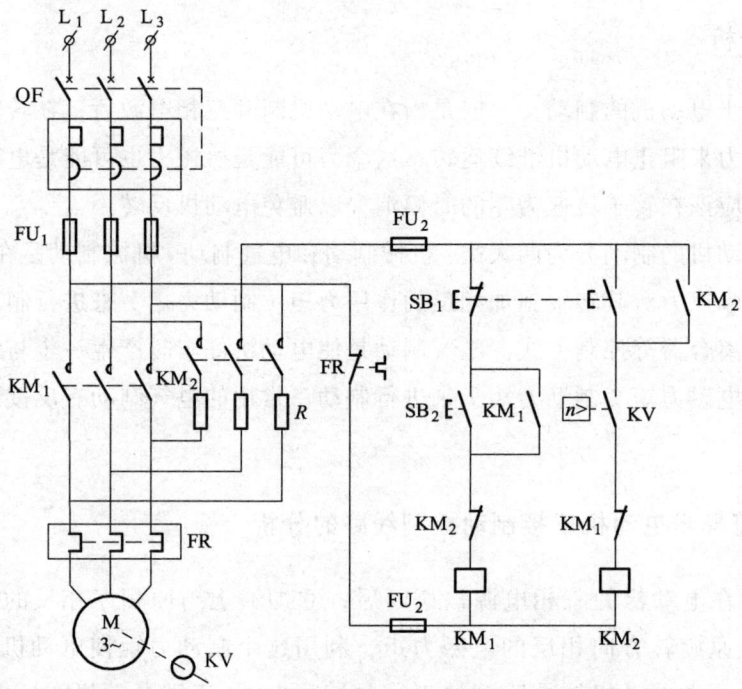

图 2-5-3　三相异步电动机在速度原则下的单向运行反接制动控制线路

（2）时间原则下的单向反接制动控制线路的分析

三相异步电动机在时间原则下的单向运转反接制动控制线路如图 2-5-4 所示。

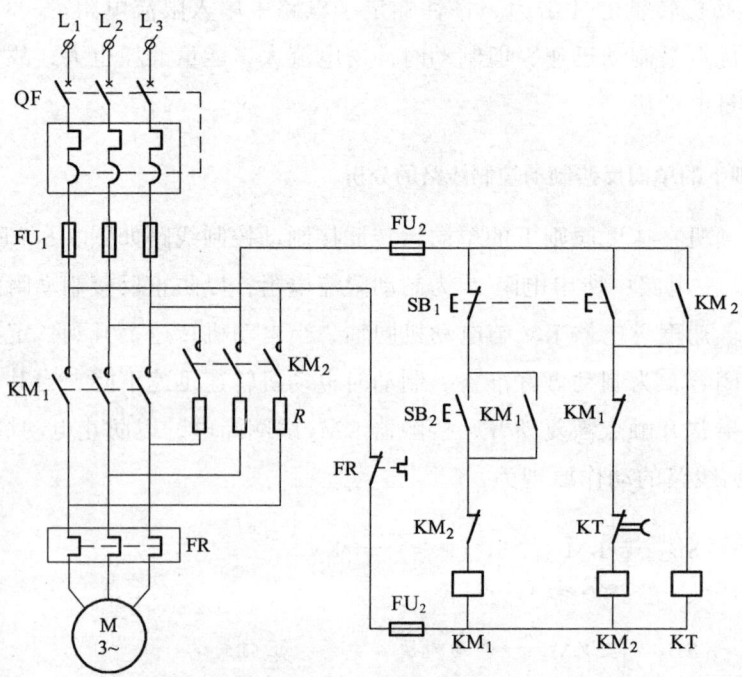

图 2-5-4　三相异步电动机在时间原则下的单向运行反接制动控制线路

图 2-5-4 所示电路与速度原则下的反接制动控制线路类似，只是其控制线路方制动接触器断开电源的方式不同。

图 2-5-4 所示线路的动作原理为：

启动： $SB_2^{\pm} \longrightarrow KM_{1\text{自}}^{+} \begin{array}{l} \longrightarrow M^{+}(\text{启动}) \\ \longrightarrow KM_2^{-}(\text{互锁}) \end{array}$

反接制动： $SB_1^{\pm} \begin{array}{l} \longrightarrow KM_1^{-} \longrightarrow M^{-}(\text{自由停车}) \\ \longrightarrow KT^{+}(\text{互锁解除}) \\ \longrightarrow KM_{2\text{自}}^{+} \longrightarrow M^{+}(\text{串}R\text{制动}) \xrightarrow{\Delta t} KM_2^{-} \longrightarrow KT^{-} \longrightarrow M^{-} \end{array}$

（3）电动机可逆运行的反接制动控制线路的分析

图 2-5-5 中，KM_1、KM_2 为正、反转接触器，KM_3 为短接电阻接触器，KA_1、KA_2、KA_3 为中间继电器，KV 为速度继电器，其中，KV_1 为正转常开触点，KV_2 为反转常开触点，R 为启动与制动电阻。

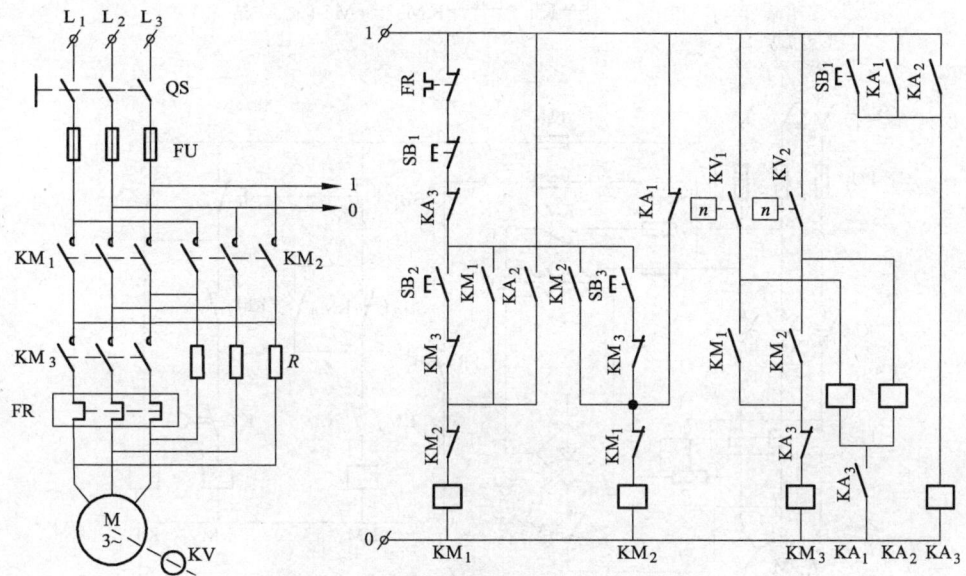

图 2-5-5 可逆运行反接制动控制线路

2. 三相交流异步电动机能耗制动控制线路的分析

能耗制动是将运转的电动机脱离三相交流电源的同时，给定子绕组加上一个直流电源，以产生一个静止磁场，利用转子感应电流与静止磁场的作用，产生反向电磁力矩而制动的。能耗制动时制动力矩的大小与转速有关，转速越高，制动力矩越大；随着转速的降低制动力矩也下降；当转速为零时，制动力矩消失。对于同一台电动机，其制动力矩的大小与定子绕组所加的直流电源的电压高低成正比。通常所加的直流电源以在定子绕组中产生 2.5 倍的额定电流值为宜。按照这一原则，设计制动回路时，可通过查电机手册或直接测量获得定子绕组的直流电阻值，据此即可确定变压器 TC 副边绕组的电压值（VC 通常为全波整流桥），而 2.5 倍电流值则是选择 VC 元件电流指标的依据，变压器 TC 的容量由

2.5 倍额定电流值与副边绕组电压共同确定。

能耗制动的优点是制动准确、平稳、能量消耗小，但需要整流设备，故常用于要求制动平稳、准确和启动频繁的容量较大的电动机。

（1）时间原则控制的单向能耗制动控制线路的分析

时间原则控制的单向能耗制动控制线路如图 2-5-6 所示。图中，主电路在进行能耗制动时所需的直流电源由 4 个二极管组成单相桥式整流电路通过接触器 KM_2 引入，交流电源与直流电源的切换是由 KM_1、KM_2 来完成的，制动时间由时间继电器 KT 决定。

图 2-5-6 所示线路的动作原理为：

启动： $SB_2^{\pm} \longrightarrow KM_{1自}^{+} \longrightarrow M^{+}$（启动）
$\phantom{启动： SB_2^{\pm} \longrightarrow KM_{1自}^{+}} \longrightarrow KM_2^{-}$（互锁）

能耗制动： $SB_1^{\pm} \longrightarrow KM_1^{-} \longrightarrow M^{-}$（自由停车）
$\phantom{能耗制动： SB_1^{\pm}} \longrightarrow KM_{2自}^{+} \longrightarrow M^{+}$（能耗制动）
$\phantom{能耗制动： SB_1^{\pm}} \longrightarrow KT^{+} \xrightarrow{\Delta t} KM_2^{-} \longrightarrow M^{-}$（制动结束）

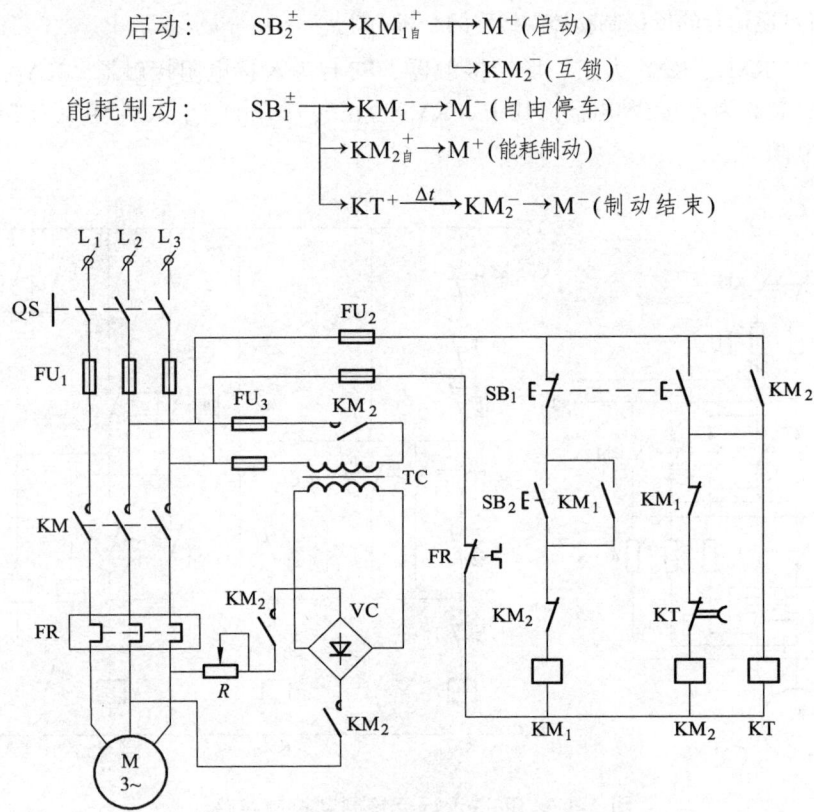

图 2-5-6 时间原则控制的单向能耗制动控制线路

注意：在变压器 TC 原边和副边绕组两端还应各跨接一只阻容串联吸收元件，否则，KM_2 触点开、闭瞬间的高电压容易击穿整流电路中的电子元件。这一因素在实际电路中是必须考虑的。

（2）速度原则控制的单向能耗制动控制线路的分析

速度原则控制的单向能耗制动控制线路如图 2-5-7 所示，其动作原理与单向运转反接制动控制电路的原理相似。

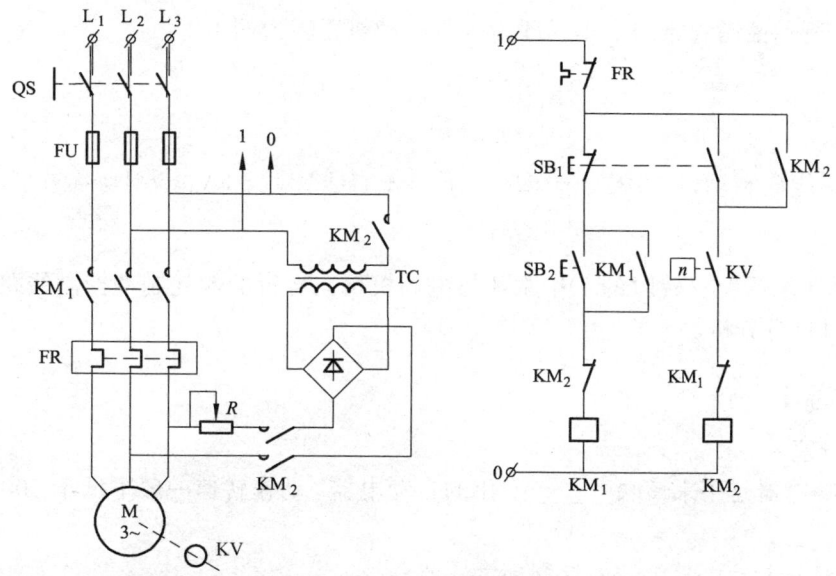

图 2-5-7 速度原则控制的单向能耗制动控制线路

图 2-5-7 所示线路的动作原理为:

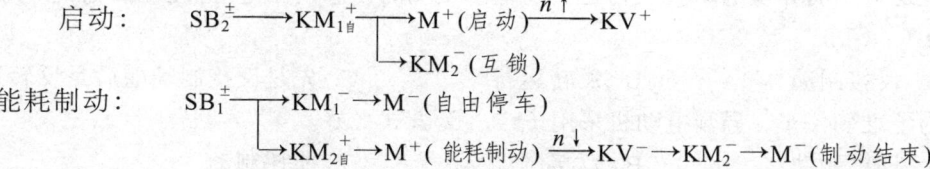

（3）电动机可逆运行的能耗制动控制线路的分析

图 2-5-8 所示为速度原则控制下的可逆运行能耗制动控制线路，图中，KM_1、KM_2 为正、反转接触器，KM_3 为制动接触器。

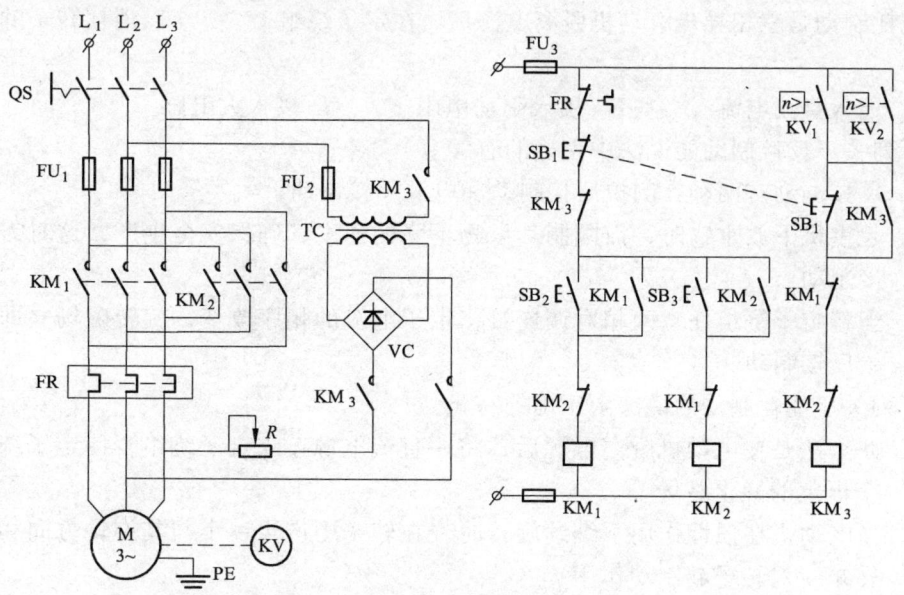

图 2-5-8 速度原则控制下的可逆运行能耗制动控制线路

图 2-5-8 所示控制线路的工作原理为（以电动机正转为例）：

启动：$SB_2^{\pm} \rightarrow KM_{1自}^{+} \rightarrow M^{+}$（启动）$\rightarrow KV_1^{+}$
　　　　　　　　↳ KM_2^{-}（互锁）

能耗制动：$SB_1^{\pm} \rightarrow KM_1^{-} \rightarrow M^{-}$（能耗制动）$\rightarrow KV_1^{-} \rightarrow$ 制动结束
　　　　　　　↳ $KM_{3自}^{+}$

图 2-5-8 所示线路反转时的工作原理与电动机反向运行的能耗制动控制线路的工作原理类似，读者可自行分析。

【思考与提高】

一、填空题

1. 速度继电器是用来反映_____变化的自动电器。动作转速一般不低于 300 r/min，复位转速约在_____。

2. 三相异步电动机常用的电气制动方法有_____、_____。

二、选择题

1. 把运行中的异步电动机三相定子绕组出线端的任意两相电源接线对调，电动机的运行状态变为（　　）。
　　A. 反接制动　　　　B. 反转运行　　　　C. 先是反接制动随后是反转运行

2. 为了准确停车，异步电动机采用（　　）方式最好。
　　A. 回馈制动　　　　B. 反接制动　　　　C. 能耗制动

3. 反接制动，制动电流大的原因是（　　）。
　　A. 通入定子绕组的制动电流大　　　　B. 通入转子绕组的制动电流大
　　C. 旋转磁场与转子导体的相对速度高

4. 能耗制动是三相异步电动机脱离电源后，在定子绕组（　　）以消耗转子的动能进行制动。
　　A. 通入直流电流　　　B. 接入制动电阻　　　C. 接入大电感

5. 下列关于反接制动的说法中正确的有（　　）。
　　A. 反接制动有两种：倒拉反接制动和电源反接制动
　　B. 起重机下放重物时，需限制其重物下降的速度，确保安全生产，这时需要倒拉反接制动
　　C. 当将定子绕组任意两相对调连接，定子电流的相序改变，旋转磁场立即反转，开始反接制动

6. 下列关于能耗制动的说法中正确的有（　　）。
　　A. 此方法是在电动机脱离电源后，将一直流电源接入定子绕组，使定子绕组产生一个恒定的静止磁场
　　B. 当电动机在惯性作用下继续旋转时，在转子中产生一个与其旋转方向相同的电磁转矩，对转子起制动作用
　　C. 此种制动方法可以频繁使用

7. 把运行中的异步电动机三相定子绕组出线端的任意两相电源接线对调，电动机的运行状态变为（　　）。

  A. 反接制动　　　　　　B. 反转运行　　　　　　C. 先是反接制动随后是反转运行

三、判断题

1. 在反接控制线路中，必须采用以时间为变化参量进行控制。（　　）
2. 电动机采用制动的目的是为了停车平稳。（　　）

【技能训练】

1. 训练任务

某机床上的一个工作台，由异步电动机拖动，电动机 M 的功率不大，正常工作时单向连续运转，但是电动机在停止时要求迅速停车，相应工作状态需要由相应的信号灯加以指示。请设计满足要求的控制线路。

2. 训练目的

① 进一步熟悉常用低压电气元件的结构、工作原理、选用及接线方法。
② 进一步加强制动电气控制线路的设计、绘图和识图能力。
③ 进一步熟悉制动电气控制线路的安装、调试方法。

3. 训练器材

根据设计方案自行填写下表：

序号	名　称	型号与规格	数量	备注
1	三相交流电源			
2	三相鼠笼式异步电动机			
3	交流接触器			
4	按　钮			
5	热继电器			
6	速度继电器			
7	信号灯			
8	交流电压表			
9	万用电表			
10	常用电工工具			
11	导线			

4. 训练过程

明确控制要求→设计电气原理图→选用电气元件→准备实训设备及器材→安装电气线路→线路绝缘检查→通电试车。

注意：① 不可带电安装设备或连接导线；② 断开电源后才能进行故障处理；③ 通电检查和试车时必须通知指导老师及附近人员，在有指导教师现场监护的情况下才能通电试车；④ 安装时，速度继电器的连接头与电动机轴进行直接相连，应使两轴保持同心。

知识拓展二

单相电动机和直流电动机有时也会采用常规的继电器-接触器控制系统完成相应的控制。了解继电器-接触器控制线路的工作原理可以直观地了解单机电动机和直流电动机的控制方法。

拓展学习1 单相电动机控制线路的分析

在实际工业生产和生活中，某些设备需要由单相电动机进行拖动。本项目以单相电动机为被控制对象，对其启动等控制线路进行分析。

【学习目标】

1. 规范与标准

了解相关行业及国家规范与标准。重点是：《机床电气设备通用技术条件国家标准》GB5226—85，《电气传动控制设备第一部分——低压电器电控设备国家标准》GB4720，《电气设备安全设计导则》GB4064—83，《国家电气设备安全技术规范》GB19517—2004，《用电安全导则》GBT13869—92、GB5226—85，《电气简图用图形符号》GB/1-47287—2000、GB/1-47288—2000。

2. 知识目标

进一步熟悉单相电动机的结构、种类及其工作原理，掌握单相电动机的接线方法。

【相关知识】

目前，一些小农用机械（小型粉碎机、磨豆机）、家用电器（洗衣机、电冰箱、电风扇）、电动工具（如手电钻）、医用器械、自动化仪表等设备中，基本采用的是单相电动机。所使用的单相电动机的工作电流会比较大，其控制线路也可以采用以接触器为主的常规控制系统。单相电动机一般有两个绕组：主绕组和副绕组，要想实现单相电动机的正反转控制，只需要将单相电动机的任意一个绕组首尾对调即可。图T2-1-1所示为以交流接触器为核心的单相电动机正反转控制线路。

在图T2-1-1中，主电路由接触器KM_1和KM_2的主触点实现副绕组V_1-V_2的首尾端对调，其控制电路与三相交流异步电动机的正反转控制电路相同。当按下正转按钮SB_2时，KM_1线圈得电并且自锁，其三个主触点闭合，火线L通过电容C接副绕组尾端V_2，零线N接副绕组首端V_1，主绕组通过KM_1的主触点与副绕组并联，此时电动机正转运行；当按下反转启动按钮 SB$_3$ 时，KM$_2$ 线圈得电并自锁，其三个主触点闭合，火线 L 与副绕组首端 V$_1$ 相连，零线 N 通过电容与副绕组尾端 V$_2$ 相连，主绕组通过 KM$_2$ 的主触点与副绕组并联，此时，与正转相比较，副绕组的首尾端进行了对调，电动机反转。

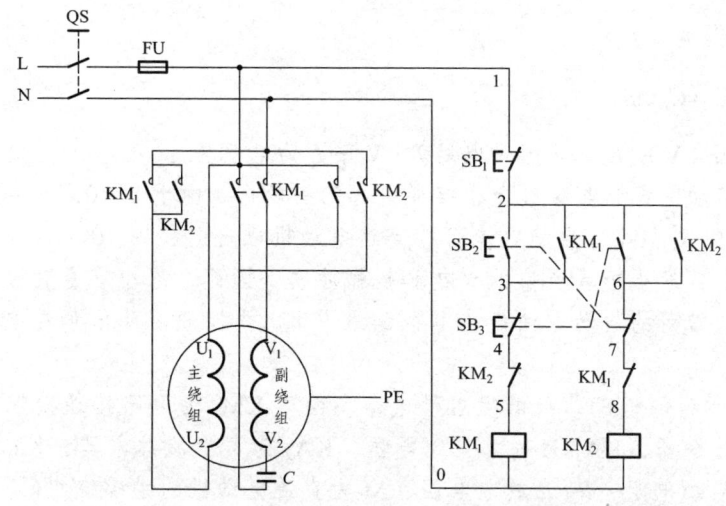

图 T2-1-1　单相电动机正反转控制线路

拓展学习 2　直流电动机电气控制线路的分析

直流电动机具有良好的启动、制动和调速性能，容易实现各种运行状态的自动控制。目前，在很多精密机械加工与冶金工业生产过程中，如：高精度金属切削机床、轧钢机、造纸机、龙门刨床、电气机车等生产机械都是用直流电动机来拖动的。直流电动机有串励、并励、复励和它励四种，他们的电气控制线路基本相同，它励直流电动机的拖动是学习其他类型直流电动机的基础，所以本任务讨论它励直流电动机的启动和正反转控制线路。

【学习目标】

1. 规范与标准

了解相关行业及国家规范与标准。重点是:《机床电气设备通用技术条件国家标准》GB5226—85,《电气传动控制设备第一部分——低压电器电控设备国家标准》GB4720,《电气设备安全设计导则》GB4064—83,《国家电气设备安全技术规范》GB19517—2004,《用电安全导则》GBT13869—92、GB5226—85,《电气简图用图形符号》GB/1-47287—2000、GB/1-47288—2000。

2. 知识目标

进一步熟悉直流电动机的结构、种类及其工作原理，掌握单相电动机的接线方法。

【相关知识】

一、直流电动机单向启动控制电路的分析

由直流电动机电路原理可知：

$$U = E_a + I_a R_a$$

$$E_a = C_E \Phi n$$

式中：U 为电源电压（V）；E_a 为电枢反电动势（V）；I_a 为电枢电流（A）；R_a 为电枢回路电阻（Ω）。

若采用直接启动，直流电动机会在接通电源的一瞬间，由于 $n=0$，$E_a=0$，电枢电流 $I_a = U/R_a$，而电枢电阻 R_a 很小，启动电流可能高达电动机额定电流的 10~20 倍，从而引起电动机换向条件的恶化，产生极其严重的火花和机械冲击。因此，除小容量直流电动机外，一般不容许直接启动。常用的启动方法是在电枢电路中串入电阻或者降低加在电枢上的电压，以限制启动电流。

图 T2-2-1 所示为电枢串二级电阻启动电路。图中 KM_1 为电路接通接触器，KM_2、KM_3 为短接启动电阻接触器，KA_1 为过电流继电器，KA_2 为欠电流继电器，KT_1、KT_2 为时间继电器，R_1、R_2 为启动电阻，R_3 为放电电阻，M 为直流电动机的励磁绕组。

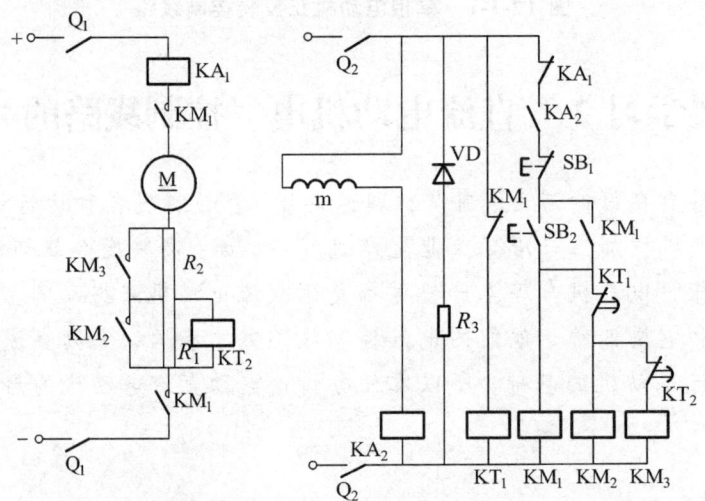

图 T2-2-1 电枢串二级电阻启动电路

首先合上电源开关 Q_1，将电源引入，然后合上控制电路开关 Q_2，励磁绕组通电，KA_2 线圈得电，其常开触点闭合，为启动做准备；同时 KT_1 线圈得电，常闭触点断开，切断 KM_2、KM_3 线圈通电电路，确保启动时电阻 R_1、R_2 接入电路。

按下启动按钮 SB_2，KM_1 线圈通电，自锁触点闭合，主触点闭合使得电枢接入电阻 R_1、R_2 开始启动；同时 KM_1 常闭触点断开，KT_1 线圈失电；当 KT_1 延时时间到，其常闭触点恢复闭合状态使得 KM_2 线圈得电；KM_2 的常开触点闭合使得 R_1 电阻被短接的同时 KT_2 线圈开始也失电；KT_2 延时时间到，KT_2 的常闭触点恢复闭合状态，KM_3 线圈得电，主触点闭合使得 R_2 电阻被短接，电动机得到全部电枢电压，电动机的转速也上升到了一定值，启动

过程结束。

在该线路中，过电流继电器 KA_1 实现直流电动机的过载保护和短路保护；欠电流继电器 KA_2 实现直流电动机的弱磁和失磁保护；电阻 R_3 与二极管 VD 构成直流电动机励磁绕组断开时的电源放电电路，以免产生过电压。

二、直流电动机正反转控制线路的分析

根据直流电动机的工作原理，改变直流电动机的旋转方向有两种方法：一种是改变励磁电流的方向，另一种是改变电枢电压的方向。由于前者电磁惯性大，对于频繁正反转的直流电动机，通常采用改变电枢电压的方向来改变电机的运转方向。

图 T2-2-2 所示为直流电动机正反转控制线路。图中 KM_1 为正转接触器，KM_2 为反转接触器，KM_3、KM_4 为短接电枢电阻接触器，KT_1、KT_2 为时间继电器，KA_1 为过电流继电器，KA_2 为欠电流继电器，R_1、R_2 为启动电阻，R_3 为放电电阻，M 为直流电动机的励磁绕组。

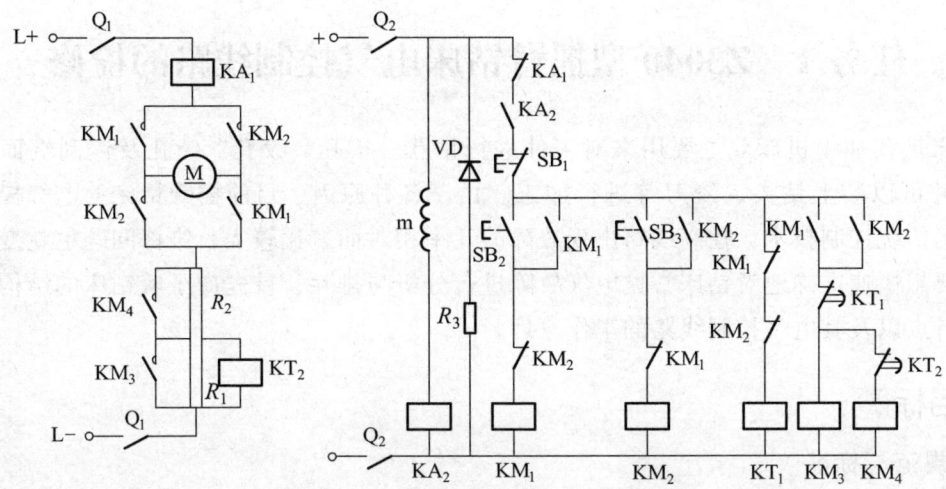

图 T2-2-2　直流电动机正反转控制线路

此电路的工作原理与图 T2-2-2 类似。但应注意，若按下停止按钮后，电动机在惯性作用下正转时按下反转启动按钮，电动机会先反接制动后再反转。

提高篇　典型通用机床电气控制线路的检修

在当今电气控制技术中，主要以 PLC 技术、变频技术等为技术核心，但有很大一部分电气设备仍然采用传统的继电器-接触器控制技术，尤其是一些典型的通用机床设备。另外，无论何种电气控制系统，其外围电路的执行器件及相关电路也会大量采用传统低压电气元件。因此，在实际生产中，电气技术人员会面临各种机床设备的维修问题。本学习项目以实际工厂中使用较普遍的、具有一定代表意义的 Z3040 型摇臂钻床、X62W 型万能铣床的电气控制线路为例，讲述电气控制线路的检修技术。

任务 1　Z3040 型摇臂钻床电气控制线路的检修

钻床是孔加工机床。主要用来对工件进行钻孔、扩孔、绞孔、镗孔及修刮端面、攻螺纹等，并可以装上钻头、绞刀等进行加工。由于各种原因，目前摇臂钻床的电气控制系统大多采用传统控制技术，控制线路出现故障的几率相对而言比较大，维修问题也就变得非常重要。要想快速准确地对钻床常见电气故障进行分析与排除，首先应了解钻床的结构、运动形式和特点以及其电气控制线路的工作原理。

【学习目标】

1. 规范与标准

了解相关行业及国家规范与标准。重点是：《电气设备安全设计导则》GB 4064—83，《国家电气设备安全技术规范》GB 19517—2004，《用电安全导则》GBT 13869—92。

2. 知识目标

了解 Z3040 型摇臂钻床的结构，熟悉 Z3040 型摇臂钻床的主要电气元件的安装位置、操作方法，理解 Z3040 型摇臂钻床电气控制线路的工作原理及常见电气故障的检修方法。

3. 技能目标

能按照相关行业及国家规范与标准，结合故障现象及 Z3040 型摇臂钻床电气控制线路，熟练分析 Z3040 型摇臂钻床的电气故障原因并进行排除，具备一定的电气控制线路故障检修能力。

【相关知识】

一、电气设备检修概述

1. 电气设备检修基本技能

我们对典型的通用机床设备的控制技术,包括电气控制线路的结构都已非常成熟。要对其控制线路部分的电气故障进行检修,应具备三项基本技能:

① 电气控制线路原理图的读图能力。
② 电气设备维修的基本技能。
③ 电气故障检修的基本方法。

2. 电气设备维修要求

电气设备的维修包括日常维护保养和故障检修两方面。加强电气设备的保养可以降低电气故障的发生几率。一旦电气设备发生故障后,轻者使电气设备不能工作,影响生产,重者会造成人身伤害事故。因此,维修人员应能熟练、准确、迅速、安全地查出故障,并加以排除,尽早恢复设备的正常运行。

(1) 电气设备维修的一般要求

① 采取的维修步骤和方法必须正确,切实可行。
② 不得损害完好的器件。
③ 不得随意更换元器件及连接导线的型号规格。
④ 不得擅自改动线路。
⑤ 损坏的电气装置应尽量修复使用,但需确保不降低其固有的性能。
⑥ 电气设备的各种保护性能必须满足使用要求。
⑦ 电气绝缘合格,通电试车能满足电路的各种功能,控制环节的动作程序符合要求。
⑧ 修理后的电气装置必须满足其质量标准要求。

(2) 电气装置的检修质量标准

① 外观整洁,无破损和炭化现象。
② 所有触头均应完整、光洁、接触良好。
③ 压力弹簧和反作用力弹簧应具有足够的弹力。
④ 操纵机构和复位机构都必须灵活可靠。
⑤ 各种衔铁运动灵活,无卡阻现象。
⑥ 灭弧罩完整、清洁,安装牢固。
⑦ 整定数值大小应符合电路和使用要求。
⑧ 指示装置能正常发出信号。

3. 电气设备维修的一般方法

机床电气控制电路发生故障后,必须及时查明原因并迅速排除。但机床电路形式多样,它的故障又常常是机械、液压等系统交错在一起,难以分解。这就要求我们首先要了解其工作原理,并应掌握正确的故障排除方法。

电气设备故障大致可以分为两大类：一类是有明显的外部特征并容易发现的，比如电器发热、冒烟等；另一类是没有明显的外部特征，此类故障常发生在控制电路中，相对而言比较难判定。

检修故障时，大体可分为下列几个步骤：观察（故障现象）→分析（故障部位）→检查（确定故障点）→修理（或更新损坏的器件）。当然，这并不是检修的固定程序，它们之间存在相互联系，有时要交替进行。

在进行每个检修步骤时，都需要一些具体的检修方法相配合。

（1）调查研究法

在处理故障前，通过："问、看、听、摸"来了解故障前后的详细情况，以便迅速判断故障的部位，并准确地排除故障。

① 问：向操作者了解故障发生前后的情况，一般询问的项目为故障是经常发生还是偶尔发生，有哪些现象，故障发生前有无频繁运动、停止或过载等，是否经历过维护、检修或改动线路等。

② 看：看熔丝是否熔断；接线是否松动、脱落、断线；开关的触点是否接触良好；有没有熔焊；继电器是否动作；撞块是否碰压行程开关。

③ 听：用耳朵倾听电动机、变压器和电气元件的声音是否正常，以便于寻找故障部位。例如，某三相电动机运行时发出"嗡嗡"的声响，可能是定子电源缺相运行或转子被机械卡住。

④ 摸：当电动机、变压器、继电器线圈发生故障时，温度升高，可以用手触摸检查。限位开关没有发出信号而使动作中断时，也可以用手代替撞块去撞一下限位开关，如果动作和复位时有"嘀嗒"声，开关多半是好的，调整撞块位置就能排除故障。

（2）通电试验法

当外部检查发现不了故障时，可以对机床控制电路作通电试验检查。通电试验检查时，应尽量使电动机和传动机构脱开，调节器和相应的转换开关置于零位，行程开关还原到正常位置。若电动机和传动机构不易脱开时，可使主电路熔体或开关断开，先检查控制电路，待其正常后，再恢复接通电源检查主电路。

通电试验检查时，应先用万用表交流电压挡检查电源电压是否正常，有无缺相或严重不平衡情况。

接下来再先易后难、分步进行。检查的顺序是：先控制电路后主电路，先辅助系统后主传动系统，先开关电路后调整电路，先怀疑重点部位后再怀疑一般部位。

通电试验检查也可以采用分步试送法：即先断开所有的熔体，然后按顺序逐一插入需检查部位的熔体，合上开关，观察有无冒烟、冒火及熔断器熔断的现象，若有，故障部位就在该处；若无异常现象，再给以动作指令，观察各接触器和继电器是否按规定的顺序动作，也可以发现故障。

通电试验时必须注意：

① 可能发生飞车或损坏传动机构的设备不宜通电。

② 发现冒烟、冒火及异常声音时应立即停车检查。

③ 不能随意触碰带电电器。

④ 养成右手单独操作的习惯。

（3）逻辑分析法

逻辑分析法如果运用得当，往往能快速而准确地排除故障。因此，它适用于复杂电路的故障检修。因为复杂电路往往有上百个电气元件和上千条连线，如果采用逐一检查的方法，不仅耗费大量的时间，而且会漏查故障点。采用逻辑分析法检查时，应根据原理图，对故障现象作具体分析。在划出可疑范围后，再借鉴试验法，对与故障回路有关的其他控制环节进行检查。

分析电路时，结合故障现象和电气控制线路的工作原理，通常首先从主电路入手，在电动机主电路所用元器件的文字符号、图区号及控制特点上找到相应的控制电路，再进行认真分析排查，迅速判定故障发生的可能范围。当故障可疑范围较大时，不必按部就班地逐级检查，可以从故障范围的中间环节开始检查，以便缩小范围，使貌似复杂的问题变得条理清晰，从而提高检修的针对性，收到快而准的效果。

总之，运用逻辑分析法的基本原则有两个：一是对故障现象的准确把握，才能准确划分电气控制系统中的故障区域；二是对电气控制线路的原理充分理解，方能迅速地判断与故障现象对应的可能故障点。

（4）测量法

测量法是利于校验灯、试电笔、钳形电流表、万用表、示波器等对电路进行带电或断电测量，从而找出故障点的有效方法。

a. 带电测量法

对于简单的电气控制电路，可以用试电笔直接判断电源的好坏。例如，用试电笔碰触主电路组合开关及三个熔断器输出端，若氖泡三处发光均较亮，则电源正常；两相较亮，一相不亮，则存在电源缺相故障。但试电笔有时会引起误判断。例如，某额定电压 380 V 的线圈，若一根连接线正常而另一根断路，由于线圈本身有电阻，试电笔测量两端均正常发光，可能误判为电源正常，但实际上线圈已损坏，这时可以用电压测量法测试，并选择合适的量程测量线圈两端电压，如果为额定值，但继电器不动作，则说明电源线圈已损坏。

如果两个线圈关联，其中一个电器能够动作而另一个不能动作，这时可以用相反的程序进行测量，即从线圈的两端开始，万用表的一支表笔固定不动，另一支表笔顺着导线或常闭触点往前移动，直到出现电压为止。此时，前一个触点或导线便是故障点。

在采用可控整流供电的电动机调速控制电路中，利用示波器来观察触发电路的脉冲波形和可控整流的输出波形，就能很快地判断故障所在。

b. 断电测量法

尽管带电测量法检查故障迅速、准确，但不安全，所以我们经常采用断电测量法来检修故障。也就是说，在切断电源后，利用万用表欧姆挡对怀疑有问题的控制电路中的触点、线圈、连接线测量其直流电阻值，以此来判断它们是否短路或断路。

总之，机床控制线路的故障现象各不相同，我们一定要理论联系实际，灵活运用以上方法，及时总结经验，并做好检修记录，不断提高自己排除故障的能力。

4. 电气故障的修复

当找出电气设备的故障点后，就要着手进行修复。修复电气故障时必须注意以下事项：

① 在找出故障点和修复故障点时,应注意不能把找出的故障点作为寻找故障点的终点,还必须分析查明产生故障的根本原因,从根本上进行排除。

② 找出故障点后,一定要针对不同故障的情况和部位采取正确的修复方法,不要轻易采用更换元件和补线等方法,更不允许轻易改动线路或更换不同规格的电气元件,以防止产生人为故障。

③ 在故障点的修理过程中,一般情况下应尽量做到复原。也可以在紧急情况下采取一些适当的应急措施,但决不能凑合行事。

④ 电气故障修复完毕,需要通电试车运行,应和操作者配合,避免出现新的故障。

每次排除故障后,应及时总结经验,并做好维修记录。记录的内容包括:电气设备的型号、名称、编号、故障发生日期、故障现象、故障部位、损坏的元件、故障原因、修复措施及修复后的运行情况等,作为档案以备日后维修时参考。另外,通过对历次故障的分析,采取有效措施,防止类似事故的再次发生,也可对电气设备本身的设计提出修改意见。

二、Z3040摇臂钻床概述

钻床的种类很多,其中 Z3040 型摇臂钻床是非常典型的通用机床,在加工行业中应用得非常广泛,适用于单件或批量生产中带有多孔零件的加工。Z3040 型号的含义为:

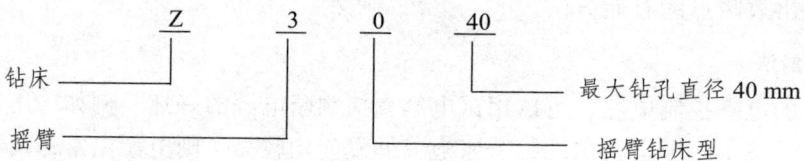

1. Z3040型摇臂钻床的结构及主要运动形式

Z3040 型摇臂钻床主要由底座、内立柱、外立柱、摇臂、主轴箱和工作台等部分组成,如图 3-1-1 所示。

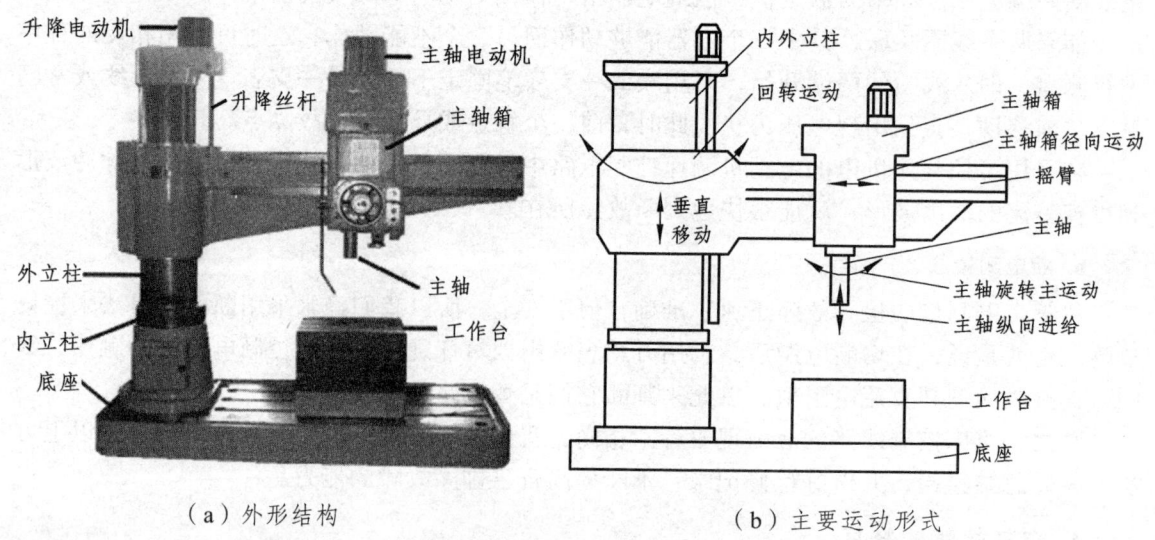

(a) 外形结构　　　　　　　(b) 主要运动形式

图 3-1-1　Z3040 型摇臂钻床的外形结构及主要运动形式

内立柱固定在底座的一端，在它外面套有外立柱，外立柱可绕内立柱旋转360°。摇臂的一端为套筒，它套装在外立柱上，并借助丝杆的正、反转可沿外立柱上下移动，但由于丝杆与外立柱连成一体，同时升降螺母固定在摇臂上，所以摇臂不能绕外立柱转动，但摇臂与外立柱一起可绕内立柱转动。主轴箱是一个复合部件，它由主传动电动机、主轴和主轴传动机构、进给和进给变速机构以及机床的操作机构等组成。主轴箱安装在摇臂的水平导轨上，可通过手轮操作使其在水平导轨上沿摇臂移动。当加工时，由特殊的夹紧装置将主轴箱紧固在摇臂导轨上，外立柱紧固在内立柱上，摇臂紧固在外立柱上，然后进行钻削加工。钻削加工时，钻头一面进行旋转切削，一面进行纵向进给。

摇臂钻床的主运动为主轴的旋转运动。进给运动为主轴的纵向进给。辅助运动有：摇臂沿外立柱的垂直移动，主轴箱沿摇臂长度方向的水平移动，摇臂与外立柱一起绕内立柱的回转运动。

2. Z3040型摇臂钻床的电力拖动及控制要求

① 由于钻床的运动部件较多，为简化传动装置，需要使用多台电动机来拖动，主轴电动机承担钻削及进给任务，摇臂升降、夹紧放松和冷却泵各用一台电动机拖动。

② 为了适应多种加工对象的要求，主轴及进给应在较大范围内调速。但这些调速都是机械调速，用手柄操作变速箱调速，对电动机无任何调速要求。主轴变速机构与进给变速机构在一个变速箱内，由主轴电动机拖动。

③ 加工螺纹时，主轴应能正、反转。摇臂钻床的主轴的正、反转一般用机械方法实现，主轴电动机只需单方向旋转。

④ 摇臂升降由单独的一台电动机拖动，要求电动机能够实现正、反转；摇臂的回转和主轴箱的径向移动在小型摇臂钻床上都采用手动。

⑤ 摇臂与外立柱之间的夹紧与放松以及内外立柱之间、主轴箱与摇臂之间的夹紧与放松由一台异步电动机配合液压装置来完成，要求这台电动机能正、反转。

⑥ 钻削加工时，为了对刀具及加工件进行冷却，需要一台冷却泵电动机输送冷却液。

⑦ 各部分电路之间要有必要的保护和联锁。

3. Z3040型摇臂钻床的电气元件及其分布

Z3040型摇臂钻床的电气元件如表3-1-1所示。

表3-1-1 Z3040型摇臂钻床的电气元件明细表

代号	元件名称	型号	规格	数量
M_1	主轴电动机	Y112M-4	4 kW，1 440 r/min	1
M_2	摇臂升降电动机	Y90L-4	1.5 kW，1 440 r/min	1
M_3	液压泵电动机	Y802-4	0.75 kW，1 390 r/min	1
M_4	冷却泵电动机	AOB-25	90 W，2 800 r/min	1
KM_1	交流接触器	CJ20-20	20 A，线圈电压110V	1
$KM_2 \sim KM_5$	交流接触器	CJ20-10	10 A，线圈电压110 V	4
$FU_1 \sim FU_3$	熔断器	BZ-001A	2 A	3
KT	时间继电器	JS7-4A	线圈电压110 V	
FR_1	热继电器	JR16-20/3D	6.8~11 A	1

续表

代号	元件名称	型号	规格	数量
FR_2	热继电器	JR16-20/3D	1.5～2.4 A	1
QF_1	低压断路器	DZ5-20/330FSH	10 A	1
QF_2	低压断路器	DZ5-20/330H	0.3～0.45 A	1
QF_3	低压断路器	DZ5-20/330H	6.5 A	1
YA	二位六通电磁阀	MFJ1-3	线圈电压 110 V	1
TC	控制变压器	BK-150	380/110、24、6	1
SB_1	总停止按钮	LAY3-11ZS/1	红色	1
SB_3、SB_6、SB_7	按钮	LA19-11D	带指示灯按钮（HL_2～HL_4）	3
SB_2、SB_4、SB_5	按钮	LA19-11		3
SQ_1	上下限位行程开关	HZ4-22		1
SQ_2、SQ_3	位置开关	LX5-11		2
SQ_4	位置开关	LX3-11K		1
SQ_5	门控开关	JWM6-11		1
HL_1	指示灯	XD1		1
EL	工作灯	JC-25	40 W, 24 V	1

Z3040 型摇臂钻床各电气元件的大体位置如图 3-1-2 所示。

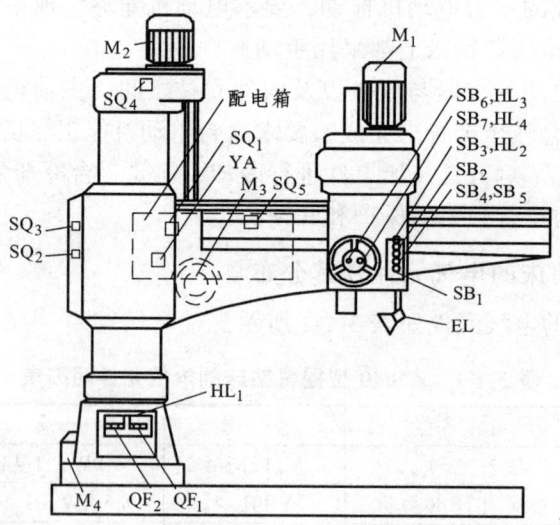

图 3-1-2　Z3040 型摇臂钻床的电气元件分布图

三、线路分析

Z3040 型摇臂钻床的动作是通过机、电、液联合控制来实现的，机床本身具有"开门断电"功能，启动前应将摇臂后部配电箱门盖好，方能合上总电源开关 QF_1。电源指示灯 HL_1 亮，表示摇臂钻床的电气控制线路进入带电状态，其电气原理如图 3-1-3 所示。

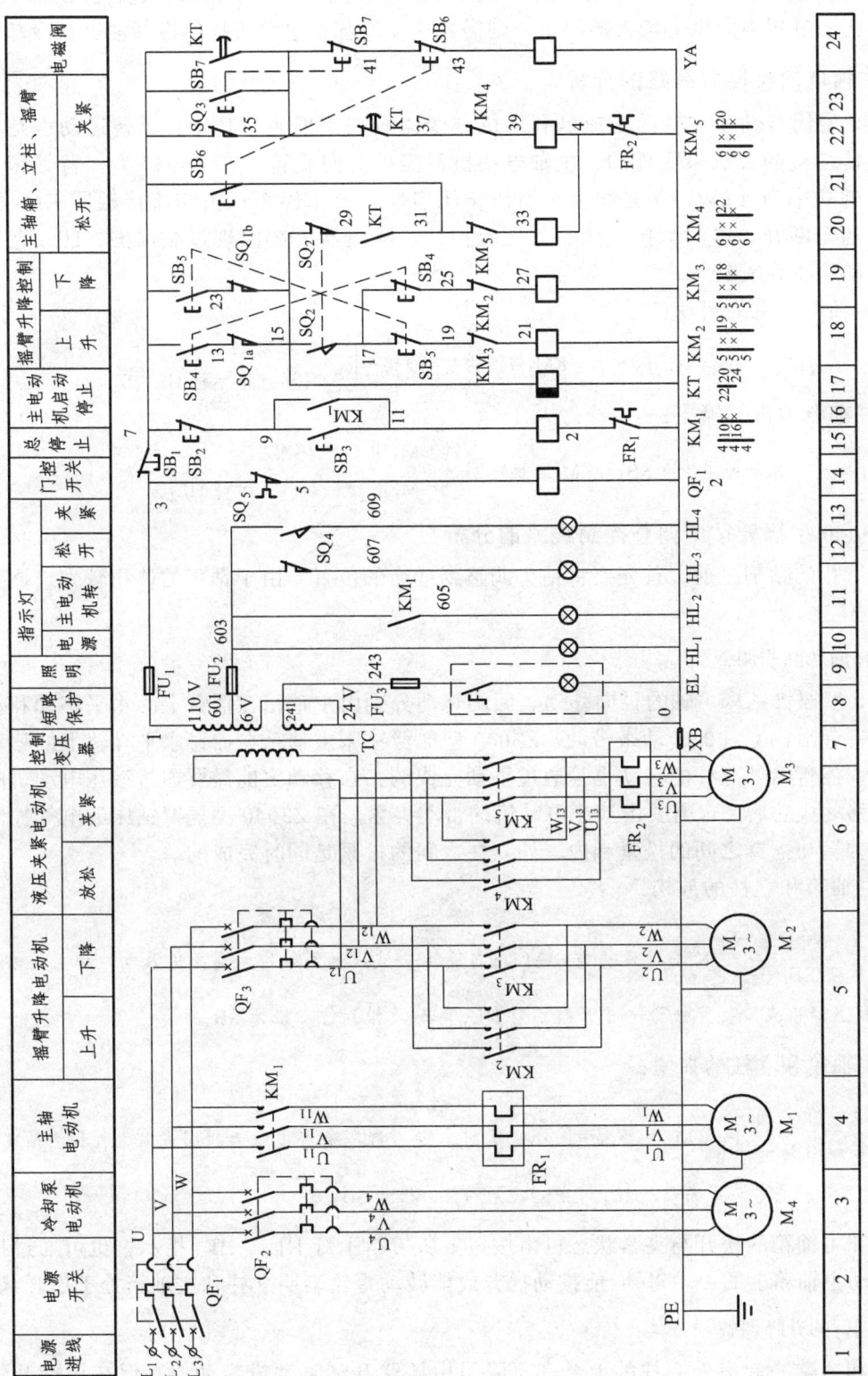

图 3-1-3 Z3040 型摇臂钻床的电气控制线路原理图

当 Z3040 型摇臂钻床的钻头调整到相应的位置时，就可以启动钻头，进行孔的加工了。如果在钻孔的过程中产生了较大的热量，则需要启动冷却泵电动机提供冷却油进行冷却。

1. 主轴电动机控制线路的分析

Z3040 型摇臂钻床主轴的变速是利用机械变速箱来实现的，其正、反转运动也是利用改变机械传动链的方法来实现的，主轴电动机只需单方向旋转。在 Z3040 型摇臂钻床上，主轴电机的功率为 4 kW，不是很大，所以全压启动，自由停车；由交流接触器 KM_1 完成电源的接通与断开，同时承担失压、欠压保护；热继电器 FR_1 实现过载保护；HL_2 亮灯表示主轴电动机正在旋转。

① 主轴电动机的启动：

按下启动按钮 SB_3(15 区) → KM_1 线圈得电并自锁 → M_1 启动运行
　　　　　　　　　　　　　　　　　　　　　　　　　　　→ M_1 运行指示灯 HL_2 亮

② 主轴电动机的停止：

按下停止按钮 SB_2 → KM_1 线圈失电 → M_1 电动机停转
　　　　　　　　　　　　　　　　　　　→ M_1 电动机运行指示灯 HL_2 灭

2. Z3040 型摇臂钻床调整控制线路的分析

在进行孔的钻削之前，首先要将钻头调整到适当的位置。由于钻床的体积较大，调整比较困难。

（1）径向和回旋调整

Z3040 型摇臂钻床主轴的径向移动、回旋转动分别由主轴箱在摇臂上的水平移动和摇臂与外立柱一起沿内立柱的转动来带动。Z3040 型摇臂钻床主轴箱在摇臂水平导轨上的移动由手轮带动，摇臂沿外立柱的转动也是通过手动完成的，在移动之前需要通过液压电动机的带动放松，移动成功后，也需要由液压电动机的带动夹紧。在 Z3040 型摇臂钻床的电气控制线路中，主轴箱与摇臂之间的松紧和内、外立柱之间的松紧是同时完成的。

① 主轴箱和立柱的放松：

按下立柱和主轴松开按钮 SB_6 → KM_4 线圈得电 → M_3 正向运转 → 液压油经二位六通阀进入立柱和主轴松开油腔 → 立柱和主轴箱夹紧装置松开 → 松开指示灯 HL_3 亮 → 放松到位，松开 SB_6

② 主轴箱和立柱的夹紧：

按下立柱和主轴夹紧按钮 SB_7 → KM_5 线圈得电 → M_3 反向运转 → 液压油经二位六通阀进入立柱和主轴夹紧油腔 → 立柱和主轴箱夹紧装置夹紧，HL_4 灯亮 → 夹紧到位，松开 SB_7

立柱和主轴箱的松开与夹紧状态可由按钮上所带指示灯 HL_3、HL_4 指示，也可通过推动摇臂或转动主轴箱上的手轮得知，能推动摇臂或能转动手轮表明立柱和主轴箱处于松开状态。

（2）摇臂的升降调整

主轴和摇臂一起沿外立柱的上升和下降是由摇臂升降电动机带动的，但在摇臂升降之前，首先应该使摇臂与外立柱之间放松，当升降成功以后，两者之间必须夹紧。摇臂钻床在常态下，摇臂和外立柱处于夹紧状态，此时，SQ_3 处于压下状态，其常闭触点（22 区）为断开位置，SQ_2 处于自然位置，它们动作的控制由摇臂松开和夹紧油腔推动活塞杆上下移动来实现。当摇臂和外立柱松开后，活塞杆下移，压下 SQ_2。当摇臂与外立柱之间夹紧时，活塞杆上移，夹紧到位，位置开关 SQ_3 被压下。位置开关 SQ_2、SQ_3 的位置示意图如图 3-1-4 所示。

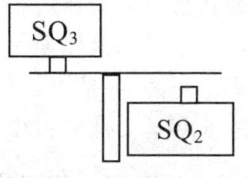

图 3-1-4　SQ_2、SQ_3 的位置示意图

摇臂与外立柱的夹紧与放松是通过液压泵电动机带动的。液压泵电动机的控制线路中没有单独的启动按钮，当摇臂的升或降命令发布后，首先执行摇臂与外立柱之间的放松，即启动液压泵电动机正转，放松到位后，执行升或者降，即启动升降电动机；当升或者降到位后，松开升或降按钮，升降电动机与电源脱离，为了克服惯性，需要经过一定的时间摇臂才能自动夹紧，即液压泵电动机反转，夹紧到位后自动停止转动。所以，摇臂的升降是点动操作。摇臂的升降、摇臂与外立柱之间的松紧是通过升降电动机和液压电动机及相应的液压机构相互配合来实现的。

a. 摇臂上升控制

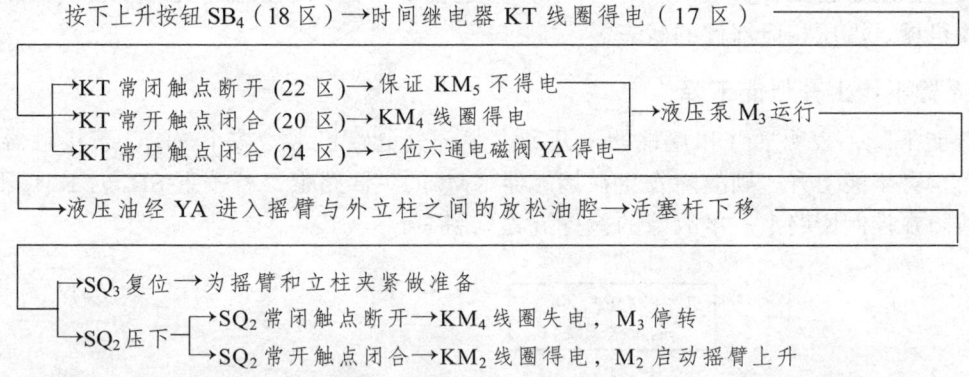

由于摇臂上升是点动操作，所以按钮 SB_4 并未松开：

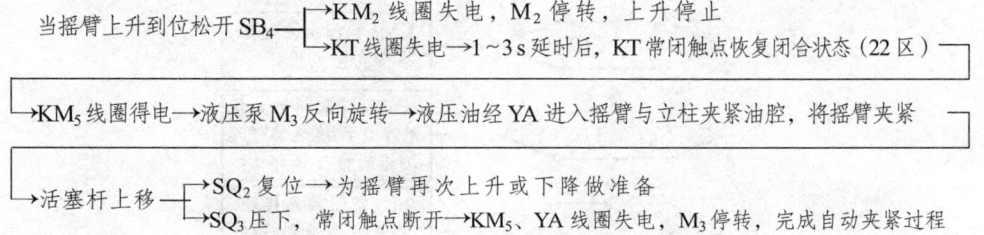

b. 摇臂下降控制

按下按钮 SB_5，摇臂下降，其动作过程与上升类似，自动完成松开、下降、夹紧的整套动作。

行程开关 SQ_{1a}、SQ_{1b} 作为摇臂升降的超程限位保护。摇臂的自动夹紧由位置开关 SQ_3 控制。如果液压夹紧系统出现故障，不能自动夹紧摇臂，或由于 SQ_3 调整不当，在摇臂夹紧后不能使 SQ_3 常闭触点断开，都会使液压泵电动机 M_3 长时间过载运行而损坏，为此装设热继电器 FR_2 进行过载保护。在摇臂上升、下降电路中采用接触器和按钮复合联锁保护，以确保电路安全工作。

提示 液压泵工作后，是摇臂与立柱松开（夹紧）还是立柱与主轴箱和内外立柱之间松开（夹紧），是由二位六通电磁阀 YA 决定的：电磁阀 YA 得电，将液压油送入摇臂与立柱松开（夹紧）油腔；电磁阀 YA 不得电，将液压油送入立柱与主轴松开（夹紧）油腔。

3. 照明、指示电路

Z3040 型摇臂钻床的照明、指示电路的电源由控制变压器 TC 降压后提供 24 V、6 V 电源，由熔断器 FU_2、FU_3 提供短路保护。EL 为机床照明灯，HL_1 为机床通电电源指示灯，HL_2 为主轴电动机运行指示灯，HL_3、HL_4 为立柱和主轴箱的松开与夹紧指示灯。当液压油进入主轴与立柱松开或夹紧油腔后，由液压推杆松开或压下位置开关 SQ_4，进而控制指示灯 HL_3、HL_4。

冷却泵电动机的额定功率为 90 W，可以由空气断路器直接控制。

四、常见故障分析

摇臂钻床电气控制的重点和难点环节是主轴位置的调整，即摇臂沿外立柱的升降、外立柱绕内立柱的转动、主轴箱沿摇臂的径向移动。Z3040 型摇臂钻床的工作过程是由电气、机械以及液压系统紧密配合实现的。因此，在维修过程中，不仅要注意电气部分能否正常工作，还要关注机械、液压相应部件的状态。

1. 摇臂不能上升但能下降

摇臂能下降，表明摇臂和立柱的松开和夹紧部分电路正常。按下 SB_4，若接触器 KM_2 能吸合而摇臂不能上升，则故障发生在接触器 KM_2 的主回路上，若按下 SB_4 时 KM_2 不能吸合，则故障在控制回路上。本故障的检查流程见图 3-1-5。

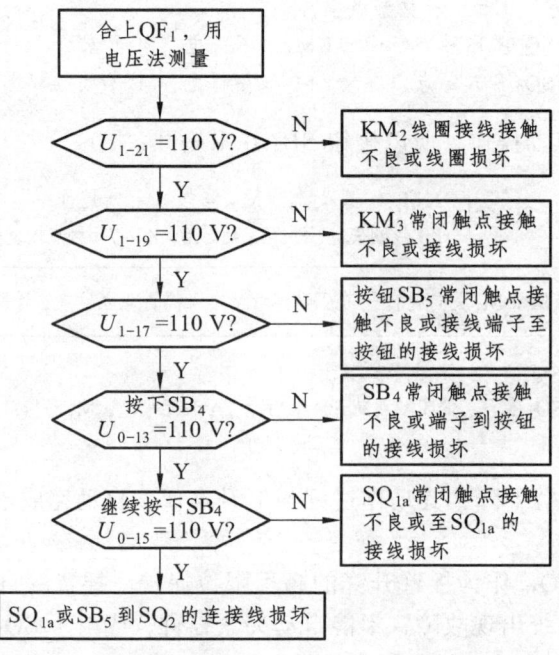

图 3-1-5 摇臂不能上升但能下降故障的检查流程

2. 摇臂不能上升也不能下降

摇臂上升或者下降前，应先将摇臂与立柱松开。摇臂不能上升、下降，应测试立柱与主轴箱能否放松，若不能放松，故障应出在接触器 KM_4 线圈支路上；若能放松，则应重点检查断电延时时间继电器 KT 能否吸合、电磁阀 YA 是否带电、KT 的瞬时闭合常开触点和 SQ_2 位置开关是否良好等。摇臂上升或下降顺序动作特征明显，可按继电器的动作状态、液压泵工作的声音判断出故障的大致位置。本故障的检测流程如图 3-1-6 所示。

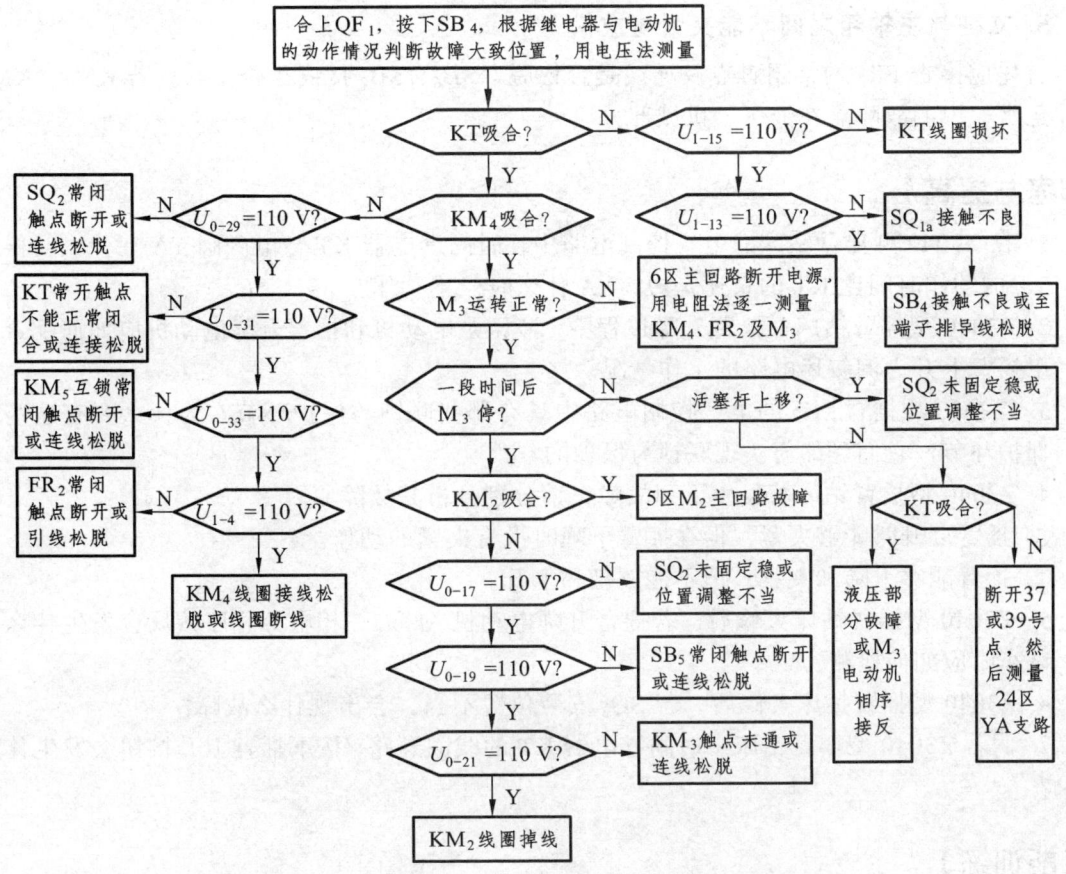

图 3-1-6　摇臂不能上升也不能下降故障的检测流程

3. 摇臂升降后不能夹紧

从原理上讲，摇臂升降后的夹紧过程应该是自动进行的。若升降后摇臂没有夹紧过程，表明电路中接触器 KM_2、KM_3、KM_4 的主电路及线圈控制回路没有问题，而是接触器 KM_5 的主电路或者线圈控制回路有问题。如果此时观察到接触器 KM_5 的动衔铁吸合，则说明问题出在主电路；如果观察到接触器 KM_5 的动衔铁未吸合，则说明问题出在线圈所在的控制电路。另外，摇臂夹紧动作的结束是通过位置开关 SQ_3 被活塞杆压下来完成的，如果 SQ_3 动作过早，尚未充分将摇臂夹紧就切断了 KM_5 线圈支路，使 M_3 停转，也有可能造成此现象。

排除故障时，首先判断松开 SB_4（或者 SB_5）1~3 s 后 KM_5、液压泵电动机 M_3 是否动作；然后还应该打开侧壁箱盖判定是液压系统故障还是电气方面 SQ_3 动作距离不当或出现松动。

4. 摇臂升降后夹紧过度

摇臂升降到位后，应该是自动进入夹紧过程，夹紧到位后，SQ_3 常闭触点被压下，状态发生翻转，结束夹紧动作。如果摇臂升降到位后，不能停止夹紧，则表明位置开关没有动作。打开控制柜门，观察 SQ_3 是否被活塞杆压下。如果已经被压下，说明 SQ_3 的常闭触点未断开或时间继电器 KT 的延时断开常开触点未断开。若 SQ_3 未被压下，则应调整 SQ_3 的位置，使之能够正常动作。

5. 立柱与主轴箱之间不能夹紧与放松

首先应检查 FR_2 的常闭触点及连线是否松脱，SB_6、SB_7 接线是否良好。若 KM_3、KM_4 动作正常，说明故障点在液压、机械部分。

【思考与提高】

1. 在 Z3040 型摇臂钻床的电气控制电路中，时间继电器 KT 与电磁阀 YA 在什么时候动作？YA 的动作时间比 KT 的长还是短？YA 什么时候不动作？

2. Z3040 型摇臂钻床在摇臂升降过程中，液压泵电动机和摇臂升降电动机应如何配合工作？以摇臂上升为例叙述电路的工作情况。

3. Z3040 型摇臂钻床的电气控制电路中具有哪些联锁与保护环节？为什么要有这些联锁与保护环节？它们是如何实现联锁与保护的？

4. Z3040 型摇臂钻床若发生下列故障，请分别分析其故障原因。
① 摇臂上升时能够夹紧，但在摇臂下降时没有夹紧的动作。
② 摇臂能够下降和夹紧，但不能放松和上升。

5. Z3040 型摇臂钻床大修后，若摇臂升降电动机 M_2 的三相电源相序接反会发生什么故障？试车时应如何检测？

6. Z3040 型摇臂钻床大修后，若 SQ_3 安装位置不当，会出现什么故障？

7. 假若 Z3040 型摇臂钻床中时间继电器 KT 的线圈开路，按下摇臂上升按钮会发生什么现象？

【技能训练】

1. 训练任务

对 Z3040 型摇臂钻床的电气控制线路人为设置相应故障点，一般 2~3 个。试结合电气原理图及观察到的故障现象，分析出故障范围，合理使用工具仪表，按照规范步骤检测并排除故障。
① 根据故障现象在电气原理图上合理标出故障范围。
② 按照规范的故障排除流程，通过仪器仪表的使用，准确地在图纸上标出故障点。
③ 熟练完成电气故障的排除。
④ 训练总结。

2. 训练目的
① 加深对 Z3040 型摇臂钻床电气控制线路工作原理的理解。
② 进一步熟悉电气故障的分析及排除方法。
③ 进一步掌握常用电工工具的使用技巧。

3. 训练器材

根据检测方案自行填写下表：

序号	名　　称	型号与规格	数量	备注
1	Z3040型摇臂钻床电气控制线路板			
2	试电笔			
3	电工刀			
4	尖嘴钳			
5	斜口钳			
6	剥线钳			
7	螺钉旋具			
8	活扳手			
9	万用电表			
10	导线			

4. 训练过程

明确电气原理图的结构及其工作原理→规范操作电气控制线路，观察动作情况→结合电气原理图及故障现象在图纸上标注出故障范围→按照规范的检修方法检测故障点→排除故障并在图纸上准确标出故障点→通电试车排除故障。

注意：① Z3040型摇臂钻床是电气、液压、机械控制的综合系统，在故障检测之前，必须熟知电器的工作原理，清楚元件位置及线路走向，熟悉电气控制线路的工作特点；② 在教师指导下合理设置故障并进行排除；③ 对设置的故障点应根据故障现象分析出故障范围再进行排除。

任务 2　X62W型万能铣床电气控制线路的检修

目前铣床的电气控制系统仍有较大一部分采用继电器-接触器控制技术，控制线路出现故障的几率相对而言比较大，维修问题也就变得非常重要。要想快速准确地对铣床常见电气故障进行分析与排除，首先应该了解铣床的结构、运动形式和特点及其电气控制线路的工作原理。

【学习目标】

1. 规范与标准

了解相关行业及国家规范与标准。重点是：《电气设备安全设计导则》GB 4064—83，《国家电气设备安全技术规范》GB 19517—2004，《用电安全导则》GBT 13869—92。

2. 知识目标

了解X62W型万能铣床的结构，熟悉X62W型万能铣床主要电气元件的安放位置、操作方法，了解X62W型万能铣床的工作原理及常见电气故障的检修方法。

3. 技能目标

能按照相关行业及国家规范与标准，结合故障现象及 X62W 型万能铣床电气控制线路，熟练分析并排除 X62W 型万能铣床的电气故障原因并进行排除，具备一定的电气控制线路故障检修的能力。

【相关知识】

按照铣床结构形式的不同，可分为卧式铣床、立式铣床、龙门铣床、仿形铣床和各种专用铣床，下面以 X62W 型万能铣床为例介绍其电气控制系统。X62W 型万能铣床的型号含义如下所示：

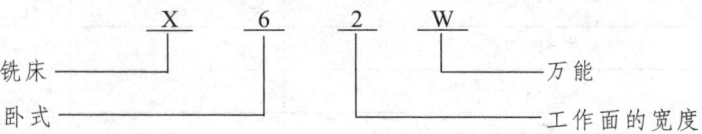

一、X62W 型万能铣床的结构及运动形式

X62W 型万能铣床主要由床身、主轴、悬梁、刀杆支架、工作台、溜板、升降台和底座等部分组成，如图 3-2-1 所示。床身固定在底座上，内装主轴传动机构和变速机构，床身顶部有水平导轨，悬梁可沿导轨水平移动。刀杆支架装在悬梁上，可在悬梁上水平移动。升降台可沿床身前面的垂直导轨上下移动。溜板在升降的水平导轨上可做平行于主轴轴线方向的横向移动。工作台安装在溜板的水平导轨上，可沿导轨做垂直于主轴轴线的纵向移动。此外，溜板可绕垂直轴线左右旋转 45°，因而工作台还能在倾斜方向进给，以加工螺旋槽。工作台上还可以安装圆工作台以扩大铣削能力。因此，安装在工作台上的工件可以在三个坐标上的 6 个方向（上下、左右、前后）调整位置或进给，也可以沿轴线旋转。

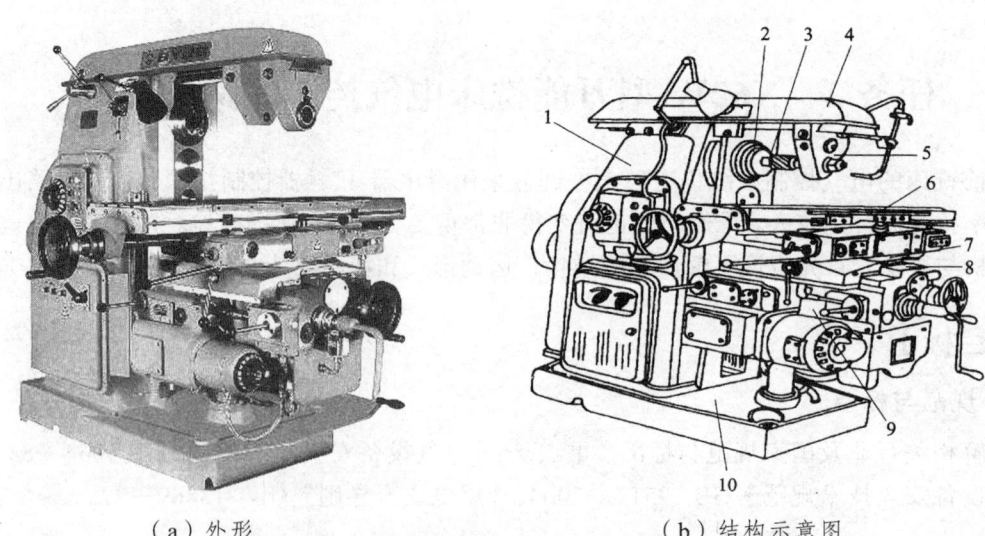

（a）外形　　　　　　　　（b）结构示意图

图 3-2-1　X62W 型万能铣床的外形和结构示意图

1—床身；2—主轴；3—刀杆；4—悬梁；5—刀杆挂脚；6—工作台；
7—回转盘；8—横溜板；9—升降台；10—底座

由以上分析可知，X62W 型万能铣床有三种运动：主运动、进给运动和辅助运动。

1. 主运动

主运动是指主轴的旋转运动。铣床加工一般有顺铣和逆铣两种，要求主轴能正、反转，但铣刀种类选定了，铣削方向也就定了，因此主轴运动的方向不需要经常改变。另外，铣床在铣削加工时，为了提高生产效率，发挥机床潜力，在小进刀量时用高速铣削，反之低速铣削，这就需要主轴能够有较宽的调速范围。

2. 进给运动

进给运动是指工件随工作台在三个相互垂直的方向上做直线运动（手动或机动）或圆工作台的旋转运动，且在任一时刻只能接通一个方向的转动，由操作手柄实现机电联合控制，通过改变电动机转向来实现进给方向的改变。为避免损坏刀具或工件，要求主运动和进给运动有顺序控制。

3. 辅助运动

辅助运动是指工作台在进给方向上的快速运动。

二、X62W 型万能铣床的电气控制特点

① 铣床由三台电动机驱动，M_1 为主轴电动机，负担主轴的旋转运动；M_2 为进给电动机，负担机床的进给运动和辅助运动；M_3 为冷却泵电动机，将冷却液输送到切削部位。

② 为了满足主轴恒功率调速的需求，主轴电动机采用的是笼型异步电动机，调速性能较差，因此，主轴电动机不需要变速，经齿轮变速箱驱动主轴，有 18 种不同的转速（30 ~ 1 500 r/min）。

③ 为了提高主轴旋转时的均匀性并消除铣削时的振动，主轴上装有飞轮，主轴电动机在空载的状态下全压启动，比较迅速，但在停车时，由于传动系统的惯性较大，停车时间长，为此设有电气制动环节。

④ 为了能够进行顺铣和逆铣加工，要求主轴能够实现正、反转，但旋转方向不需要经常变换，只需在加工前预选旋转方向，因此，主轴采用倒顺开关进行旋转方向的选择。

⑤ 铣床的工作台有 6 个方向的进给和快速移动，由进给电动机 M_2 实现正、反转控制，6 个方向的运动中同时产生的只有一种运动，采用机械手柄和位置开关配合的方式实现 6 个方向进给运动的联锁，进给的快速移动是通过电磁离合器和机械挂档来完成的，圆工作台也是由进给电动机来完成的。

三、X62W 型万能铣床的电气元件

表 3-2-1 所示为 X62W 型万能铣床的电气元件及规格。

表 3-2-1　X62W 型万能铣床的电气元件明细表

代　号	元件名称	型　号	规　格	数量
M_1	主轴电动机	Y132M-B3	7.5 kW，1 450 r/min	1
M_2	进给电动机	Y90L-4	1.5 kW，1 440 r/min	1
M_3	冷却泵电动机	AOB-25	125 W，2 790 r/min	1
KM_1	交流接触器	CJ20-20	20 A，线圈电压 220 V	1
$KM_2 \sim KM_6$	交流接触器	CJ20-10	10 A，线圈电压 220 V	5
FU_1	熔断器	RL1-60	60 A，熔体 50 A	1
FU_2	熔断器	RL1-15A	15 A，熔体 10 A	1
FU_3、FU_4	熔断器	RL1-15A	15 A，熔体 4 A	2
R	限流电阻			2
FR_1	热继电器	JR16-20/3D	整定电流 16 A	1
FR_2	热继电器	JR16-20/3D	整定电流 0.43 A	1
FR_3	热继电器	JR16-20/3D	整定电流 3.4 A	1
QS	电源总开关	HZ10-60/3J	60 A，380 V	1
SA1	冷却泵开关	HZ10-60/3J	10 A，220 V	1
SA4	照明灯开关	HZ10-60/3J	10 A，220 V	1
YA	电磁阀			1
SA3	圆工作台开关	HZ10-60/3J	10 A，220 V	1
SA5	主轴换向开关	HZ3-60/3J	10 A，380 V	1
TC	控制变压器	BK-150	150 V·A　380 V / 220 V /12 V	1
$SB_1 \sim SB_6$	按钮	LA2		6
$SQ_6 \sim SQ_7$	冲动位置开关	LX3-11K	开启式	2
$SQ_1 \sim SQ_4$	位置开关	LX3-11K	开启式	2
EL	工作灯	JC-25	40 W，12 V	1

四、线路分析

图 3-2-2 所示为 X62W 型卧式万能铣床的电气控制电路图。图中，M_1 为主轴电动机，M_2 为工作台进给电动机，M_3 为冷却泵电动机。SQ_1、SQ_2 为工作台纵向（左右）进给位置开关，SQ_3、SQ_4 为工作台横向（前后）和垂直方向（上下）进给位置开关。SA_3 为圆工作台转换开关，SA_1 是冷却泵启动开关，SA_5 是主轴换向开关，SA_4 是照明指示灯开关。SQ_7、SQ_6 为由各自变速手轮控制的主轴变速冲动开关和工作台进给变速开关。

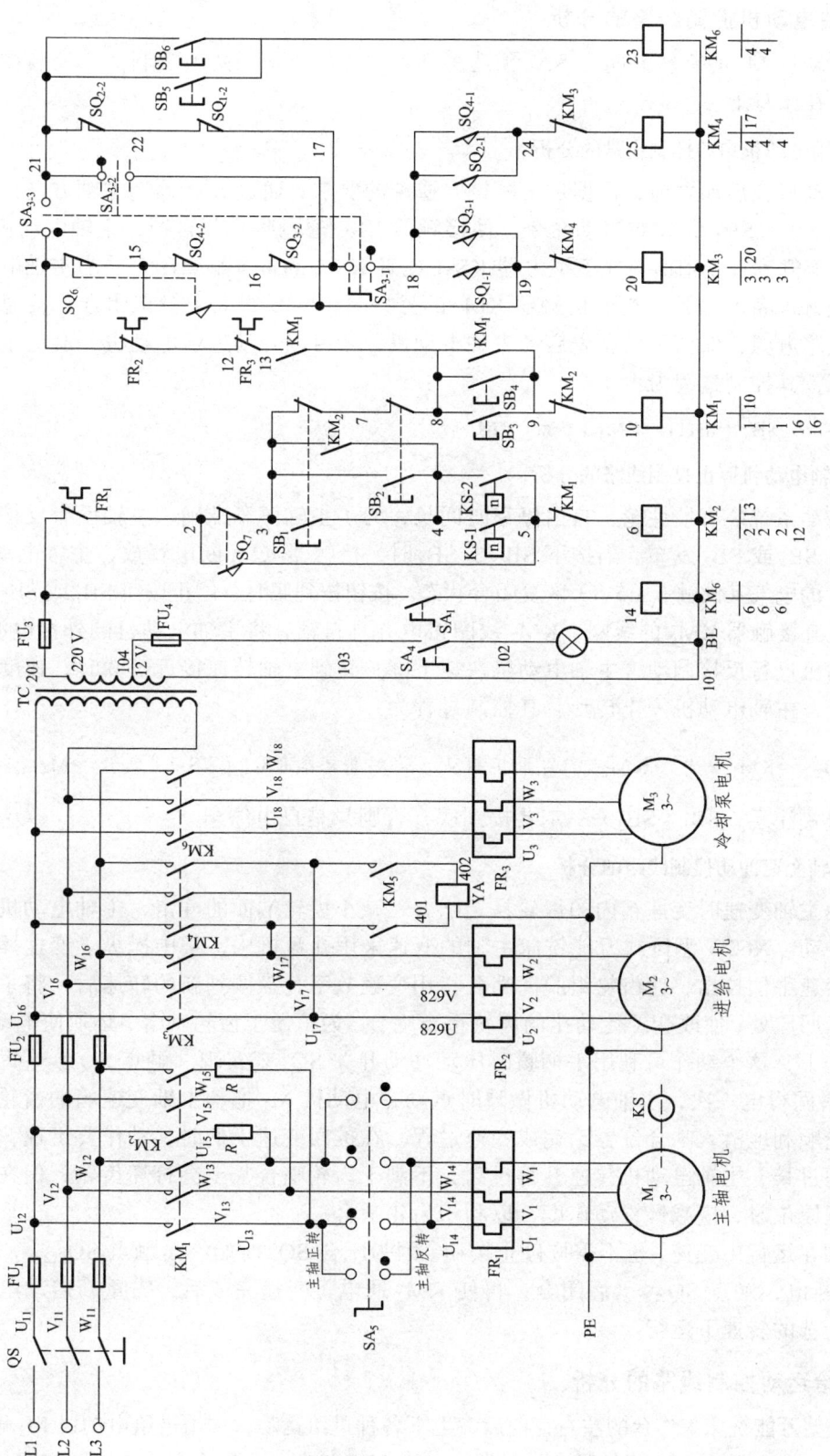

图 3-2-2 X62W 型卧式万能铣床的电气控制电路图

1. 主轴电动机控制线路的分析

主轴电动机 M_1 的旋转方向由 SA_5 预选。其启动和停止采用两地控制,一处装在升降台上,一处装在床身上。

(1) 主轴电动机启动控制线路的分析

主轴电动机在启动之前,根据加工顺铣、逆铣的要求,通过 SA_5 预选主轴方向;然后按下启动按钮 SB_3(SB_4),发布启动命令,使接触器 KM_1 通电吸合并自锁,主轴电动机 M_1 启动,当转速上升到一定值时,速度继电器 KS-1 或者 KS-2 的常开触点闭合,为主轴电动机的反接制动做好准备。另外,交流接触器 KM_1 的另一对(8-13 之间)触点闭合,接通控制线路的进给线路电源,保证了只有先启动主轴电动机,才可以开动进给电动机,避免了刀具或工件的损坏,其控制过程为:

$$SB_3^{\pm}(SB_4^{\pm}) \rightarrow KM_1^+ (自锁) \rightarrow M_1 \text{转动}$$

(2) 主轴电动机停止控制线路的分析

由于传动系统装有惯性轮,自由停车时间长,为了主轴停车准确,主轴设有反接制动,停止命令由 SB_1 或 SB_2 发布。当按下 SB_1 或 SB_2 时,接触器 KM_1 断电释放,主轴电动机 M_1 失电,KM_1 的电气互锁触点(5-6)恢复闭合状态。按钮按到底时,停止按钮 SB_1 或 SB_2 的常开触头接通交流接触器 KM_2 的线圈,KM_2 线圈得电并且自锁,将主轴电动机的外接电源反接,对主轴电动机进行反接制动,主轴电动机快速下降;直到主轴转速接近于 0 时,速度继电器的触点断开,主轴电动机停止转动。其控制过程为:

$$SB_1^{\pm}(SB_2^{\pm}) \rightarrow KM_1^- \text{失电} \rightarrow KM_2^+ \rightarrow M_1 \text{反接制动} \rightarrow \text{速度继电器 KS-1(KS-2)断开} \rightarrow M_1 \text{停转}$$

操作时要注意,SB_1(SB_2)一定要按到底,否则只是自由停车。

(3) 主轴变速冲动控制线路的分析

为了使主轴变速时变速箱内的齿轮易于啮合,减小齿轮端面的冲击,主轴电动机变速时设有变速冲动。X62W 型卧式万能铣床主轴的变速采用孔盘机构,集中操纵。变速操作为:先将主轴变速手柄拉出,使齿轮组脱离啮合,用变速数字孔盘调到新的转速后,将手柄以较快的速度推回原处,使改变了传动比的齿轮重新啮合。为了便于齿轮啮合,必须使电动机 M_1 瞬间转动一下,这个动作可利用手柄瞬时压动冲动开关 SQ_7 来实现。触点 $SQ_{7(2-5)}$ 每闭合一下,KM_2 瞬间得电一次,主轴电动机做瞬时点动,电动机 M_1 拖动主轴变速箱的齿轮转动一下,使齿轮顺利地滑入啮合位置,完成变速过程。在推回变速手柄时,动作要迅速,以免压合 SQ_7 时间过长,主轴电动机转速升得过高,不利于齿轮啮合甚至会打坏齿轮;但在变速手柄推回接近原位时,应减慢推动速度,以利于齿轮啮合。

若主轴在运行中变速,也不需按停止按钮。因为压合 SQ_7 时始终是触点 $SQ_{7(2-3)}$ 先断开,使 KM_1 先断电;触点 $SQ_{7(2-5)}$ 后闭合,再使 KM_2 通电。变速完成后,需重新启动电动机,主轴才在新选的转速下运行。

2. 进给运动控制线路的分析

X62W 型万能铣床工作台的左右、前后、上下各种进给运动,均由进给电动机 M_2 做正向、反向旋转来拖动。M_2 的正、反转是由接触器 KM_3、KM_4 控制的。工作台之所以能实现几个方向的进给运动而又不相互干涉，是因为进给操作手柄在通过各位置开关接通 KM_3、KM_4 的同时，也接通了相应方向的机械离合器。

根据铣削加工的需要，只有当铣刀转动起来后才能进给。所以，只有 KM_1 通电、$KM_{1(8-13)}$ 闭合后，进给电动机 M_2 才能启动。在直线进给时，圆工作台转换开关 SA_3 应转至断开位置，如表 3-2-2 所示。

表 3-2-2 圆工作台转换开关的工作状态

位置 触点	接通 圆工作台	断开 圆工作台
SA_{3-1}	−	+
SA_{3-2}	+	−
SA_{3-3}	−	+

（1）工作台的左右（纵向）进给运动控制线路的分析

工作台运动由工作台纵向操作手柄控制，手柄有三个位置：左、中、右。操作手柄处于右位时，通过联动机构，一方面机械上接通了纵向离合器，同时电气上也压下了位置开关 SQ_1，使得接触器 KM_3 线圈通过"11→SQ_6 常闭触点→15→SQ_{4-2}→16→SQ_{3-2}→17→SA_{3-1}→18→SQ_{1-1}→19→KM_4 常闭触点→20→KM_3 线圈"路径得电吸合，进给电动机 M_2 正转，带动工作台向右运动。

当需要停止时，将手柄扳向中位，于是脱开纵向进给离合器，松开 SQ_1，工作台停止。

手柄倒向左位时，同样接通纵向进给离合器，压下位置开关 SQ_2，$SQ_{2(18-24)}$→ KM_4^+ → M_2^+，M_2 启动反转，拖动工作台左移；当需要停止时，将手柄扳向中位即可。

工作台纵向进给开关 SQ_1、SQ_2 的工作状态如表 3-2-3 所示。

（2）工作台前后、上下（横向、垂直）进给运动控制线路的分析

工作台的前后和上下运动由十字手柄控制，该手柄有五个位置：上位、下位、前位、后位和中位。由十字槽保证手柄在任意时刻只能处于一种位置，实现进给方向的互锁功能。当该手柄倒向上、下、前、后某一操作位置时，在机械上则接通相应的离合器，在中间位置时，传动链脱开，电动机停转。手柄扳向前位和下位时，在电气上都是压合位置开关 SQ_3；手柄扳向后位和上位时，在电气上也是压合位置开关 SQ_4。工作台纵向进给与垂直进给时位置开关的工作状态如表 3-2-4 所示。

表 3-2-3 工作台纵向行程开关的工作状态

位置 触点	向左	中间（停）	向右
SQ_{1-1}	−	−	+
SQ_{1-2}	+	+	−
SQ_{2-1}	+	−	−
SQ_{2-2}	−	+	+

表 3-2-4 工作台横向、垂直行程开关的工作状态

位置 触点	向前向下	中间（停）	向后向上
SQ_{3-1}	+	−	−
SQ_{3-2}	−	+	+
SQ_{4-1}	−	−	+
SQ_{4-2}	+	+	−

当主轴电动机启动后，需要向后位和上位进给时，SQ_4 被压下，过程为：

SQ_{4-1}^+→KM_4 线圈通电 ┬→M_2 电动机反转→工作台向后或上位进给
          └→KM_4 常闭触点断开（互锁）→工作台不能向前或向下进给

主轴电动机启动后，把手柄扳向前位或下位时，压下位置开关 SQ_3，$SQ_{3(18-19)}$→ KM_3^+ → M_2^+，M_2 正转，带动工作台向前或向下移动。把手柄扳向中间位置即可停止相应的进给。

（3）圆工作台运动控制线路的分析

为了扩大机床的加工能力，如需加工圆弧、螺旋槽等曲线时，可在工作台上加装圆工作台。当需要圆工作台时，首先把转换开关 SA_3 扳在"接通圆工作台"位置，再将工作台的直线进给手柄扳到中间位置，接着启动主轴，此时有 $KM_1^+ \to M_1^+$，$KM_3^+ \to M_2^+$ 正转，圆工作台旋转进行曲线加工。注意，此时两个直线进给手柄都处于中间位置，$SQ_1 \sim SQ_4$ 全部释放。KM_3 线圈得电的通路为：

$11 \to SQ_6 \to 15 \to SQ_{4-2} \to 16 \to SQ_{3-2} \to 17 \to SQ_{1-2} \to 22 \to SQ_{2-2} \to 21 \to SA_{3-2}$
$\to 19 \to KM_4$ 常闭触点 $\to 20 \to KM_3$ 线圈带电

（4）工作台快速移动控制线路的分析

工作台在三个方向的快速移动也是进给电动机 M_2 拖动的。当需要快速移动时，将操作手柄扳向相应的方向。M_2 电动机启动运行，同时按下按钮 SB_5（SB_6），$SB_5(SB_6)^+ \to KM_5^+ \to YA^+$ 接通快速传动链，工作台实现相应方向的快速移动。松开 $SB_5(SB_6)$，$KM_5 \to YA$ 切断快速移动。

（5）进给变速"冲动"控制线路的分析

为了使进给变速时的齿轮易于啮合，进给速度变换与主轴变速一样，有瞬时冲动环节。进给变速应在工作台停止进给时进行。其操作过程是：首先启动主轴电动机，拉出蘑菇形进给电动机变速手柄，同时转动至所需要的进给速度，然后把手柄往外一拉，并立即推回原处；就在手轮被拉到极限位置的瞬间，其连杆机构压合行程开关 SQ_6，使接触器 KM_3 瞬时通电，M_2 电动机瞬时冲动，以便于变速过程中的齿轮啮合。接触器 KM_3 线圈得电的通路为：

$11 \to SA_{3-3} \to 21 \to SQ_{2-2} \to 22 \to SQ_{1-2} \to 17 \to SQ_{3-2} \to 16 \to SQ_{4-2} \to 15 \to SQ_6$
$\to 19 \to KM_4$ 常闭触点 $\to 20 \to KM_3$ 线圈

当齿轮完全啮合，手轮完全推回原位时，SQ_6 开关又恢复到原来的状态，KM_3 失电，变速"冲动"过程结束。

3. 保护环节、照明及冷却泵电动机控制线路的分析

X62W 型铣床的运动较多，电气控制较为复杂，为了安全可靠，设置了较为完善的联锁和保护环节。主要包括：进给运动与主运动具有顺序联锁；工作台进给的 6 个方向具有机械和电气的双重联锁；矩形工作台和圆工作台之间的联锁以及短路保护、过载保护和工作台 6 个方向的限位保护等。

机床的局部照明由变压器 T_1 输出 12 V 的安全电压，由开关 SA_4 控制照明灯。

冷却泵电动机 M_3 通常是在铣削加工过程中由转换开关 SA_1 操作。

五、常见故障分析

X62W 型万能铣床采用的是机电一体化控制，重点和难点环节是工作台的控制。工作台与主轴之间有顺序联锁，圆工作台与方工作台之间有联锁，每个进给方向之间均有联锁。通过操作观察现象，便容易判断出故障的范围。

1. 主轴电动机不能启动

可按照前面介绍的类似方法去分析检查，从上到下逐一测量，也可按中间分段测量电压的方

法，检测步骤如图 3-2-3 所示，最后还需要检测按钮 SB_3、SB_4 的触点及其与端子排的引线是否松脱。

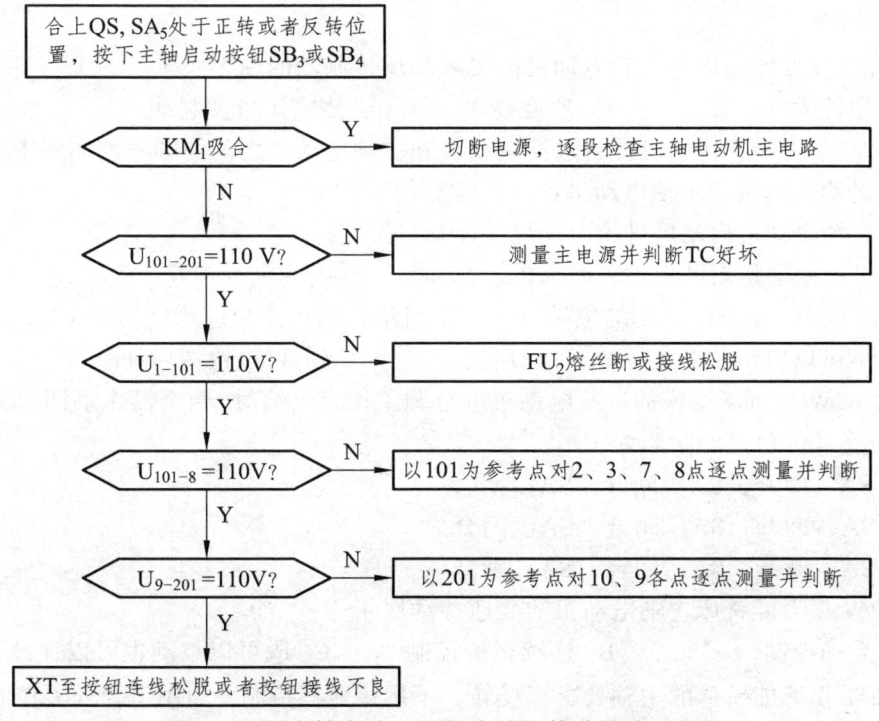

图 3-2-3 "主轴电动机不能启动"故障的检测流程

2. 工作台不能向右进给

主轴电动机工作正常而工作台不能向右进给，则进一步对其做向左等其他进给的操作，通过对试车现象的观察判断故障位置，再进行测量，本故障的检查流程如图 3-2-4 所示。

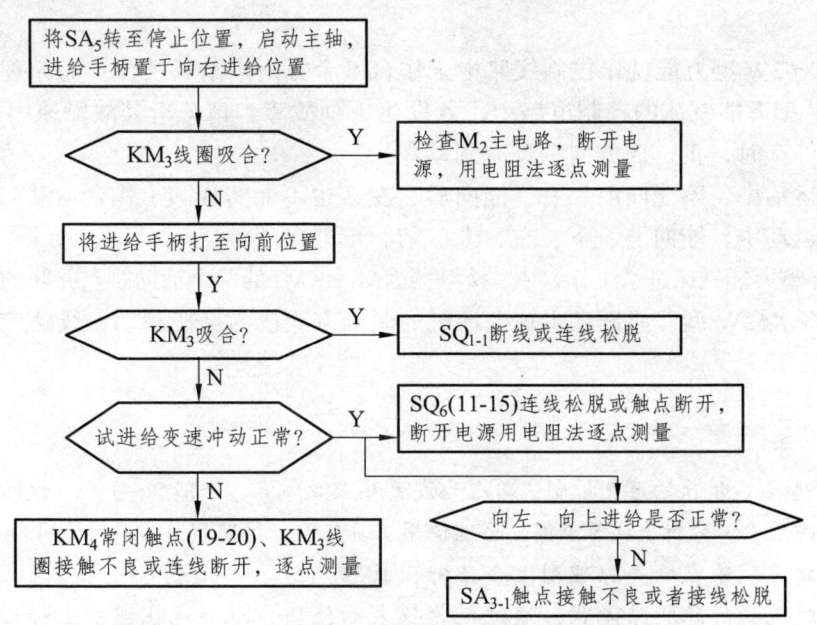

图 3-2-4 "工作台不能向右进给"的故障检测流程

【思考与提高】

一、选择题

1. X62W 型万能铣床的主轴电动机需要采用反接制动的原因是（　　）。
   A. 惯性大　　　　　　　B. 速度高　　　　　　　C. 无机械制动

2. X62W 型万能铣床的工作台进给电动机和主轴电动机之间的顺序控制要求是（　　）。
   A. 进给电动机和主轴电动机可以同时启动
   B. 主轴电动机启动后进给电动机才能动
   C. 进给电动机启动后主轴电动机才能动

3. 如果 X62W 型万能铣床的主轴电动机未启动，则工作台进给电动机（　　）
   A. 不可以启动　　　　　B. 可以启动　　　　　　C. 可以快速启动

4. 当 X62W 型万能铣床的进给电动机进行圆工作台进给时，两个操作手柄均应处于零位置，组合开关 SA_3 触点的状态为（　　）。
   A. SA_{3-1} 断开，SA_{3-2} 断开，SA_{3-3} 闭合
   B. SA_{3-1} 断开，SA_{3-2} 闭合，SA_{3-3} 闭合
   C. SA_{3-1} 断开，SA_{3-2} 闭合，SA_{3-3} 断开

5. X62W 型万能铣床主轴电动机的变速冲动属于（　　）。
   A. 点动控制　　　　　　B. 连续运转控制　　　　C. 既可以点动也可以连续运转

6. X62W 型万能铣床的主轴要求正反转，不用接触器控制，而用组合开关控制，是因为（　　）。
   A. 节省接触器　　　　　B. 改变转向不频繁　　　C. 操作方便

二、分析题

1. X62W 型万能铣床的电气控制线路中，变速冲动控制环节的作用是什么？请说明控制过程。
2. 说明 X62W 型万能铣床控制线路中工作台 6 个方向进给联锁保护的原理。
3. X62W 型万能铣床的控制电路中，若发生下列故障，请分析其故障原因。
   ① 主轴停车时，正、反方向都没有制动作用。
   ② 进给运动中，不能向前、右，能向后、左，也不能实现圆工作台运动。
   ③ 进给运动中，能向上、下、左、右、前，不能向后。
4. X62W 型万能铣床进给工作台中，接触器 KM_1、KM_2 的两个辅助触点并联的作用是什么？
5. 如果将 X62W 型万能铣床主轴电动机的制动方式改为反接制动，线路应如何改进？

【技能训练】

1. 训练任务

对 X62W 型万能铣床的电气控制线路人为设置相应故障点，一般 2~3 个。试结合电气原理图及观察到的故障现象，分析出故障范围，合理使用工具仪表，按照规范步骤检测并排除故障。

① 根据故障现象在电气原理图上合理标出故障范围。
② 按照规范的故障排除流程，通过仪器仪表的使用，准确地在图纸上标出故障点。
③ 熟练完成电气故障的排除。

④ 训练总结。
2. 训练目的
① 加深对 X62W 型万能铣床电气控制线路工作原理的理解。
② 进一步熟悉电气故障的分析及排除方法。
③ 进一步掌握常用电工工具的使用技巧。
3. 训练器材

根据任务要求自行填写下表：

序号	名　　称	型号与规格	数量	备注
1	X62W 型万能铣床电气控制线路板			
2	试电笔			
3	电工刀			
4	尖嘴钳			
5	斜口钳			
6	剥线钳			
7	螺钉旋具			
8	活扳手			
9	万用电表			
10	导线			

4. 训练过程

明确电气原理图的结构及其工作原理→规范操作电气控制线路，观察动作情况→结合电气原理图及故障现象在图纸上标注出故障范围→按照规范的检修方法检测故障点→排除故障并在图纸上准确标出故障点→通电试车排除故障。

注意：① X62W 型万能铣床是机电一体化控制，在故障检测之前，必须熟知电器原理、清楚元件位置及线路走向，熟悉电气控制线路的工作特点；② 在教师指导下合理设置故障并进行排除；③ 对设置的故障点应根据故障现象分析出故障范围后再进行排除。

附 录

附录 A　国家电气标准的若干规定

一、电控设备导线的颜色

电控设备导线的颜色，必须遵循 GB2681《电工成套装置中的导线颜色》所规定的原则。电工设备依导线颜色标志电路的规定见表 A-1，依电路选择导线颜色的规定见表 A-2。

具体标色时，在一根导线上遇有两种或两种以上的标色，需视该电路的特定情况，按电路的含义定色。如无法区分极性或相序的导线，建议用白色标志导线。

对于某些产品（如船舶电器）的母线，若国际上已有指定的国际标准，且与表 A-1 规定的交流三相电路、直流电路的颜色有差异时，允许按国家标准所规定的色标进行标色。

表 A-1　依导线颜色标志电路的规定

序号	导线颜色	所标志的电路
1	黑色	装置和设备的内部布线
2	棕色	直流电路的正极
3	红色	交流三相电路的三相 半导体三极管的集电极 半导体二极管、整流二极管或晶闸管的阴极
4	黄色	交流三相电路的一相 半导体三极管的基极 晶闸管和双向晶闸管的门极
5	绿色	交流三相电路的二相
6	蓝色	直流电路的负极 半导体三极管的发射极 半导体二极管、整流二极管或晶闸管的阳极
7	淡蓝色	交流三相电路的零线或中性线 直流电路的接地中间线
8	白色	双向晶闸管的主电极 无指定用色的半导体电路
9	黄和绿双色（每种色宽约 15~100 mm 交替贴接）	安全用的接地线
10	红、黑色并行	用双芯导线或双根绞线连接的交流电路

表 A-2　依电路选择导线颜色的规定

序号	电　路	导线颜色
1	交流三相电路的一相	黄色
	交流三相电路的二相	绿色
	交流三相电路的三相	红色
	零线或中性线	淡蓝色
	安全用的接地线	黄和绿双色
2	直流电路的正极	棕色
	直流电路的负极	蓝色
	直流电路的接地中间线	淡蓝色
3	半导体三极管的集电极	红色
	半导体三极管的基极	黄色
	半导体三极管的发射极	蓝色
	半导体二极管和整流二极管的阳极	蓝色
	半导体二极管和整流二极管的阴极	红色
	晶闸管的阳极	蓝色
	晶闸管的门极	黄色
	晶闸管的阴极	红色
	双向晶闸管的门极	黄色
	双向晶闸管的主电极	白色
4	用双芯导线或双根绞线连接的交流电路	红黑色并行
5	整个装置及设备的内部布线一般推荐	黑色
	半导体电路	白色
	有混淆时	容许选指定用色外的其他颜色(如：橙、紫、灰、绿、蓝、玫瑰红等)

二、电器的电气间隙和爬电距离

1. 低压电器组成的电气传动控制设备

当安装设备上的电器元件或导电部件时，一个电器元件与另一个电器元件的导线部件之间，或一个导电部件（如母线、金属架或金属体等）与另一个导电部件之间的爬电距离和电气间隙，不得低于表 A-3 所列数据。

表 A-3　导电部件的电气间隙和爬电距离

额定绝缘电压 / V	爬电距离 / mm	电气间隙 / mm
≤300	10	6
>300～660	14	8
>660～800	20	10
>800～1 500	28	14

2. 装有电子器件的电气传动控制设备

设备中各带电电路之间,以及带电的零部件与导电的零部件或接地的零部件之间的电气间隙和爬电距离,应符合表 A-4 的规定。

表 A-4　电气间隙和爬电距离

额定绝缘电压 U_N / V	额定电流 ≤ 60 A		额定电流 > 60 A	
	电气间隙 / mm	爬电距离 / mm	电气间隙 / mm	爬电距离 / mm
U_N ≤ 60	2	3	3	4
60 < U_N ≤ 300	4	6	6	10
300 < U_N ≤ 660	6	12	8	14
660 < U_N ≤ 800	10	14	10	20
800 < U_N ≤ 1 500	14	20	14	28

三、电工成套装置中指示灯和按钮的颜色

1. 指示灯和按钮用色的统一规定

（1）指示灯颜色

红、黄、绿、蓝和白色。

（2）按钮颜色

红、黄、绿、蓝、黑、白和灰色。

2. 选色原则

依按钮被操作（按压）后所引起的功能，或指示灯被接通（发光）后所反映的信息来选色。

（1）闪光信息的作用

① 进一步引起注意。

② 须立即采取行动。

③ 反映出的信息不符合指令的要求。

④ 表示变化过程（在过程中发闪光）。

亮与灭的时间比，一般是在 1:1 ~ 4:1 之间选取。较优先的信息，使用较亮的闪烁频率。

（2）指示灯的作用及颜色

① 指示。借以引起操作者的注意，或指示操作者应做的某种操作。

② 执行。借以反映某个指令、某种状态、某些条件或某类演变，正在执行或已被执行。

③ 指示灯的颜色及其含义，见表 A-5。

表 A-5　指示灯的颜色及其含义

颜　色	含　义	说　明	应用举例
红	危险或告急	有危险或须立即采取行动	润滑系统失压 温度已超过（安全）极限 因保护器件动作而停机 有触及带电或运动部件的危险
黄	注意	情况有变化，或即将发生变化	温度（或压力）异常 当仅能承受允许的短时负载
绿	安全	正常或允许进行	冷却通风正常 自动控制系统运行正常 机械准备启动
蓝	按需要指定用意	除红、黄、绿三色之外的任何指定用意	遥控指示 选择开关在"设定"位置
白	无特定用意	任何用意。例如：不能确切地用红、黄、绿时，以及用作"执行"时	

3. 灯光按钮

（1）灯光按钮的类型

灯光按钮的类型见表 A-6。

表 A-6　灯光按钮的类型

按钮的类型	灯　灭	灯　亮
a	颜色不变	
b	无特定颜色（非彩色）	任何一种颜色
c	无特定颜色（非彩色）	不同颜色（每种颜色都有各自的灯）

注：a 行的"颜色不变"横跨灯灭和灯亮两列。

（2）灯光按钮的信息作用

① 指示。通过按钮上的灯亮，告知操作者需按压该灯亮的按钮，以完成某种操作。按压后，灯灭，以反映某个指令已被执行。当需要引起操作者注意时（如警报），可采用闪光的灯光按钮，该按钮被按压后，可变闪光为定光。在引起警报的原因未被排除前，固定光不灭。

② 执行。按压灭灯的按钮后，该按钮上的灯亮，以反映某个指令已被执行（直至解除执行后，方可将灯熄灭）。当按压后，按钮上若发出闪光的灯亮，则反映某个指令或某类演变正在执行。完成执行后，须自动使闪光变为定光。

③ 灯光按钮不得用作事故按钮。

附录 B 新旧电气元件符号对照

名　称	新符号 图形符号 (GB4728—00)	新符号 图形符号 (GB4728—85)	新符号 文字符号 (GB4728—87)	旧符号 图形符号 (GB312—64)	旧符号 图形符号 (GB315—64)
直流电					
交流电					
交直流					
导线的连接					
导线的多线连接					
导线不连接					
接地一般符号			E		E
单相自耦变压器			T		B
星形联结的三相自耦变压器			T		Z0B
电流互感器			TA		LH
三相笼型感应电动机			M 3~		JD
三相绕线转子感应电动机			M 3~		JD
它励式直流电动机			M		ZD

续表

名 称	新 符 号			旧 符 号	
	图形符号 (GB4728—00)	图形符号 (GB4728—85)	文字符号 (GB4728—87)	图形符号 (GB312—64)	图形符号 (GB315—64)
并励式直流电动机			M		ZD
永磁式直流测速发电机			TG		SF
熔断器			FU		RD
插头			XP		CT
插座			XS		CZ
单极刀开关			Q		K
三极刀开关			Q		K
具有动合触点但无自动复位的旋转开关			S		
三相断路器			QF		ZK
手动三极开关一般符号			Q		
动合(常开)触点					
动合(常闭)触点					
先断后合的转换触点					
按钮开关动合触点(启动按钮)			SB		QA
按钮开关动断触点			SB		TA

续表

名　称	新　符　号			旧　符　号	
	图形符号 (GB4728—00)	图形符号 (GB4728—85)	文字符号 (GB4728—87)	图形符号 (GB312—64)	图形符号 (GB315—64)
限位开关					
动合触点			SQ		XK
动断触点			SQ		XK
接触器					
线圈			KM		C
动合(常开)触点			KM		C
动断(常闭)触点			KM		C
继电器					
动合(常开)触点	或		符号同操作元件		符号同操作元件
动断(常闭)触点					
延时闭合的 动合(常开)触点			KT		SJ
延时断开的 动合（常开）触点					
延时闭合的 动断（常闭）触点					
延时断开的 动断（常闭）触点					

附 录

续表

名　称	新　符　号			旧　符　号	
	图形符号 (GB4728—00)	图形符号 (GB4728—85)	文字符号 (GB4728—87)	图形符号 (GB312—64)	图形符号 (GB315—64)
延时闭合和延时断开的动合（常开）触点	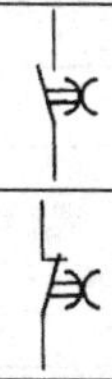	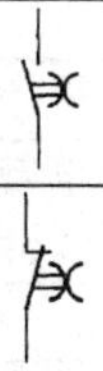		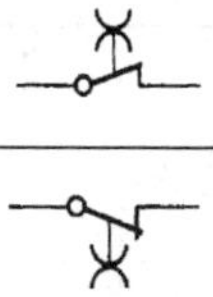	
延时闭合和延时断开的动断（常闭）触点					
时间继电器线圈（一般符号）	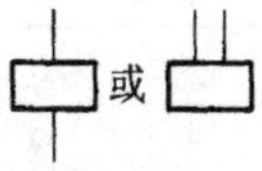 或	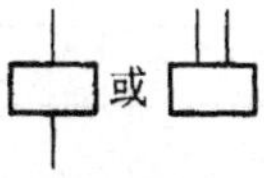 或	KT	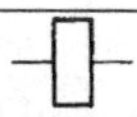	SJ
中间继电器线圈			K	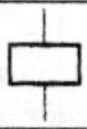	ZJ
缓慢释放（断电延时型）时间继电器	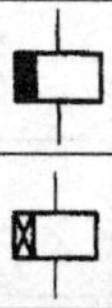	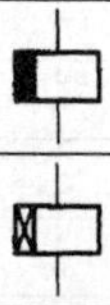	KT	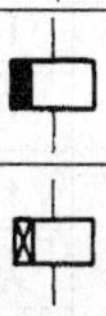	SJ
缓慢吸合（通电延时型）时间继电器线圈			KT		SJ
欠电压继电器线圈	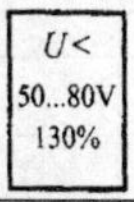 $U<$ 50...80V 130%	 $U<$	KV	 $U<$	QYJ
过电流继电器线圈	 $I>5A$ $<3A$	 $I>$	KA	 $I>$	GLJ
热继电器热元件	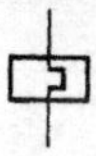	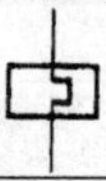	FR		RJ
热继电器的动断触点	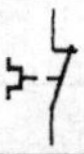	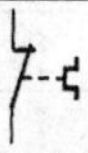	FR		RJ
主令控制器的触点		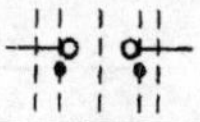	SA	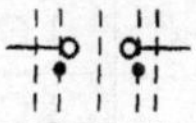	LK
电磁铁		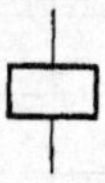	YA		DCT
电磁吸盘			YH	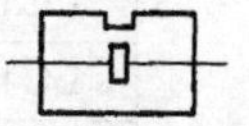	DX
电磁制动器		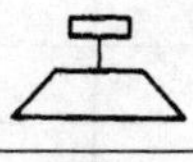	YB	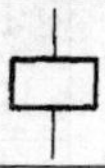	ZC
电铃			HA		DL
扬声器(电喇叭)			HA	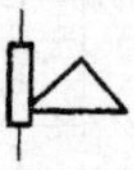	LB
照明灯			EL		ZD
信号灯			HL		XD

附录 C 部分电气元件的技术数据

一、三极交流接触器

说明：用于电动机和配电控制，电源电路（AC/DC），控制电路（AC，带线圈）。

1. N 系列接触器

型 号	三相电动机的特性额定功率值 / kW		额定电流 / A	辅助瞬时接点	
	220 V	380 V		常开	常闭
LC1-D0601*5N	1.5	2.2	6	1	0
LC1-D0601*5N	1.5	2.2	6	0	1
LC1-D0910*5N	2.2	4	9	1	0
LC1-D0901*5N	2.2	4	9	0	1
LC1-D1210*5N	3	5.5	12	1	0
LC1-D1201*5N	3	5.5	12	0	1
LC1-D1810*5N	4	7.5	18	1	0
LC1-D1801*5N	4	7.5	18	0	1
LC1-D2510*5N	5.5	11	25	1	0
LC1-D2501*5N	5.5	11	25	0	1
LC1-D3210*5N	7.5	15	32	1	0
LC1-D3201*5N	7.5	15	32	0	1

2. C 系列接触器

型 号	三相电动机的特性额定功率值 / kW		额定电流 A	辅助瞬时接点	
	220 V	380 V		常开	常闭
LC1-D0910*5C	2.2	4	9	1	0
LC1-D0901*5C	2.2	4	9	0	1
LC1-D1210*5C	3	5.5	12	1	0
LC1-D1201*5C	3	5.5	12	0	1
LC1-D1810*5C	4	7.5	18	1	0
LC1-D1801*5C	4	7.5	18	0	1
LC1-D2510*5C	5.5	11	25	1	0
LC1-D2501*5C	5.5	11	25	0	1
LC1-D3210*5C	7.5	15	32	1	0
LC1-D3201*5C	7.5	15	32	0	1
LC1-D3810*5C	9	18.5	38	1	0
LC1-D3801*5C	9	18.5	38	0	1
LC1-D4011**C	11	18.5	40	1	1
LC1-D5011**C	15	22	50	1	1
LC1-D6511**C	18.5	30	65	1	1
LC1-D8011**C	22	37	80	1	1

续表

型　号	三相电动机的 特性额定功率值 / kW		额定电流 / A	辅助瞬时接点	
	220 V	380 V		常开	常闭
LC1-D9511**C	25	45	95	1	1
LC1-D11500*5C	30	55	115	—	—
LC1-D11500*7C	30	55	115	—	—
LC1-D15000*7C	40	75	150	—	—
LC1-D170*7C	55	90	170	—	—
LC1-D205*5C	63	110	205	—	—
LC1-D205*7C	63	110	205	—	—
LC1-D245*5C	75	132	245	—	—
LC1-D245*7C	75	132	245	—	—
LC1-D300*7C	100	160	300	—	—
LC1-D410*7C	110	220	410	—	—
LC1-D475*7C	147	265	475	—	—
LC1-D620*7C	200	335	620	—	—

二、热继电器

说明：适用于电动机和配电控制，带补偿和差动，平动式自动复位，直流或交流使用。

1. C 系列(与熔断器一起使用的热过载继电器)

继电器 整定范围 A	和选定继电器一同使用 的熔断器类型		用于在接触器下 面直接安装	型　号
	aM A	gl A	LC1	
等级 10 A				
0.10～0.16	0.25	2	D09～D38	LR2-D1301C
0.16～0.25	0.5	2	D09～D38	LR2-D1302C
0.25～0.40	1	2	D09～D38	LR2-D1303C
0.40～0.63	1	2	D09～D38	LR2-D1304C
0.63～1	2	4	D09～D38	LR2-D1305C
1～1.6	2	4	D09～D38	LR2-D1306C
1.6～2.5	4	6	D09～D38	LR2-D1307C
2.5～4	6	10	D09～D38	LR2-D1308C
4～6	8	16	D09～D38	LR2-D1310C
5.5～8	12	20	D09～D38	LR2-D1312C
7～10	12	20	D09～D38	LR2-D1314C
9～13	16	25	D12～D38	LR2-D1316C
12～18	20	35	D18～D38	LR2-D1321C
17～25	25	50	D25 和 D38	LR2-D1322C

续表

继电器整定范围 A	和选定继电器一同使用的熔断器类型		用于在接触器下面直接安装	型 号
	aM A	gl A	LC1	
等级 10 A				
23~32	40	63	D25 和 D38	LR2-D2353C
30~40	40	80	D32 和 D38	LR2-D2355C
17~25	25	50	D40~D95	LR2-D3322C
23~32	40	63	D40~D95	LR2-D3353C
30~40	40	100	D40~D95	LR2-D3355C
37~50	63	100	D50~D95	LR2-D3357C
48~65	63	100	D50~D95	LR2-D3359C
55~70	80	125	D65~D95	LR2-D3361C
63~80	80	125	D80 和 D95	LR2-D3363C
80~104	100	160	D95	LR2-D3365C
80~104	125	200	D115 和 D150	LR2-D4365C
95~120	125	224	D115 和 D150	LR2-D4367C
110~140	160	250	D150	LR2-D4369C
90~150	160	250	D115 和 D150	LR9-D5369C

2. N 系列

继电器整定范围 A	和选定继电器一同使用的熔断器类型		用于在接触器下面直接安装	型 号
	aM A	gl A	LC1	
等级 10 A				
0.10~0.16	0.25	2	D06N~D32N	LR2-D1301N
0.16~0.25	0.5	2	D06N~D32N	LR2-D1302N
0.25~0.40	1	2	D06N~D32N	LR2-D1303N
0.40~0.63	1	2	D06N~D32N	LR2-D1304N
0.63~1	2	4	D06N~D32N	LR2-D1305N
1~1.6	2	4	D06N~D32N	LR2-D1306N
1.6~2.5	4	6	D06N~D32N	LR2-D1307N
2.5~4	6	10	D06N~D32N	LR2-D1308N
4~6	8	16	D06N~D32N	LR2-D1310N
5.5~8	12	20	D06N~D32N	LR2-D1312N
7~10	12	20	D06N~D32N	LR2-D1314N
9~13	16	25	D06N~D32N	LR2-D1316N
12~18	20	35	D06N~D32N	LR2-D1321N
17~25	25	50	D06N~D32N	LR2-D1322N
23~32	40	63	D06N~D32N	LR2-D1353N

续表

3. LR9-F 系列

说明：用于电动机保护，调节范围为 3～630 A，带补偿和差动功能的过程继电器；热继电器；带补偿和差动，脱扣指示功能，用于交流系统，可直接安装在接触器下面或独立安装。

型　号	电流范围 / A	适配接触器
LR9-F5357	30～50	F115～F185
LR9-F5363	48～80	F115～F185
LR9-F5367	60～100	F115～F185
LR9-F5369	90～150	F115～F185
LR9-F5371	132～220	F225～F265
LR9-F5375	200～320	F330～F500
LR9-F7379	300～500	F330～F500
LR9-F7381	380～630	F400～F630

三、接触器附件

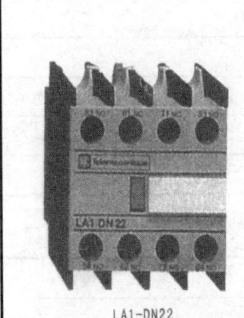

1. 辅助触头组

安装方式	触头数目	常开	常闭	型　号
正面安装 LC1-D09-F780 LP1-D09-F780	4	2	2	LA1-DN22C
		1	3	LA1-DN13C
		4	—	LA1-DN40C
		—	4	LA1-DN04C
		3	1	LA1-DN31C
	2	1	1	LA1-DN11C
		2	—	LA1-DN20C
		—	2	LA1-DN02C
侧面安装 LC1D09-D170 LP1-D09-D80	2	1	1	LA8-DN11C
		2	—	LA8-DN20C

2. 延时头

安装方式			型　号
正面安装 LC1-D09-F780 LC1-D09-F780	延时通	0.1～3 s	LA2-DT0C
		0.1～30 s	LA2-DT2C
		10～180 s	LA2-DT4C
		1～30 s	（1）LA2-DS2C
	延时断	0.1～3 s	LA3-DR0C
		0.1～30 s	LA3-DR2C
		10～180 s	LA3-DR4C

续表

3. 机械联锁装置		
型　号	技术参数	安装方式
LA9-D09978	D09-D32 适用	水平安装
LA9-D50978	D40-D95 适用	水平安装
LA9-D80978	LP1-D80 适用	水平安装
LA9-FF970	F115，F150 适用	水平安装
LA9-FG970	F185，F225 适用	水平安装
LA9-FJ970	F265，F500 适用	水平安装
LA9-FL970	F630 适用	水平安装

4. 热继电器安装支架	
型　号	技术参数
LA7-D1064	LR2-D1…适用
LA7-D2064	LR2-D2…适用
LA7-D3064	LR2-D3…适用

5. 线圈	
型　号	技术参数
LX1-D2**C	用于 LC1-D09，D12，D18，D2500
LX1-D4**C	用于 LC1-D25，D32，D38
LX1-D6**C	用于 LC1-D40，D50，D65，D80，D95
LX1-D8*5C	用于 LC1-D115
LX1-D8*7C	用于 LC1-D150，D170

四、中间继电器

型　号	技术参数
CA2-DN40**C	380 V / 10 A　4NO(常开)
CA2-DN31**C	380 V / 10 A　3NO＋1NC(常闭)
CA2-DN22**C	380 V / 10 A　2NO＋2NC(常闭)
CA2-DN40*5N	380 V / 10 A　4NO(常开)
CA2-DN31*5N	380 V / 10 A　3NO＋1NC(常闭)
CA2-DN22*5N	380 V / 10 A　2NO＋2NC(常闭)

五、空气开关

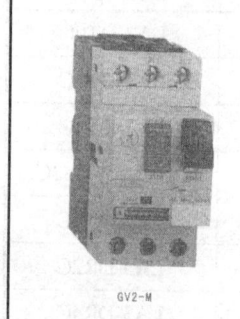
GV2-M

1. GV2-M 系列电动机保护空气开关		
型　号	电流范围 / A	适用电机功率 / kW
GV2-M01C	0.1～0.16	*
GV2-M02C	0.16～0.25	*
GV2-M03C	0.25～0.40	*
GV2-M04C	0.40～0.63	*
GV2-M05C	0.63～1.0	*
GV2-M06C	1～1.6	0.37
GV2-M07C	1.6～2.5	0.75

续表

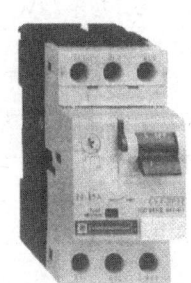

GV2-RS

型　号	电流范围 / A	适用电机功率 / kW
GV2-M08C	2.5 ~ 4	1.5
GV2-M10C	4 ~ 6.3	2.2
GV2-M14C	6 ~ 10	4
GV2-M16C	9 ~ 14	5.5
GV2-M20C	13 ~ 18	7.5
GV2-M21C	17 ~ 23	10
GV2-M22C	20 ~ 25	11
GV2-M32C	24 ~ 32	15

2. GV2-RS 系列电动机保护空气开关

型　号	电流范围 / A	适用电机功率 / kW
GV2-RS01C	0.1 ~ 0.16	*
GV2-RS02C	0.16 ~ 0.25	*
GV2-RS03C	0.25 ~ 0.40	*
GV2-RS04C	0.40 ~ 0.63	*
GV2-RS05C	0.63 ~ 1.0	*
GV2-RS06C	1 ~ 1.6	0.37
GV2-RS07C	1.6 ~ 2.5	0.75
GV2-RS08C	2.5 ~ 4	1.5
GV2-RS10C	4 ~ 6.3	2.2
GV2-RS14C	6 ~ 10	4
GV2-RS16C	9 ~ 14	5.5
GV2-RS20C	13 ~ 18	7.5
GV2-RS21C	17 ~ 23	10
GV2-RS22C	20 ~ 25	11
GV2-RS32C	24 ~ 32	15

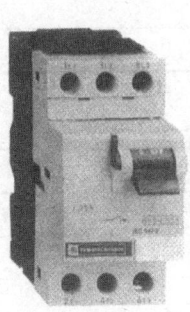

GV2-LS

3. GV2-LS 系列电磁电动机保护空气开关(不带过载继电器)

型　号	电流范围 / A	适用电机功率 / kW
GV2-LS03C	0.4	*
GV2-LS04C	0.63	SS*
GV2-LS05C	1	*
GV2-LS06C	1.6	0.37
GV2-LS07C	2.5	0.75
GV2-LS08C	4	1.5
GV2-LS10C	6.3	2.2
GV2-LS14C	10	4
GV2-LS16C	13	5.5
GV2-LS20C	18	7.5
GV2-LS22C	25	11

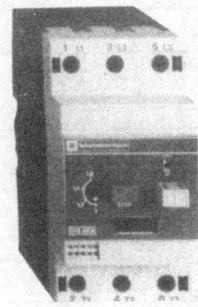

GV3-M

续表

4. GV3-M 电动机保护空气开关		
型 号	电流范围 / A	适用电机功率 / kW
GV3-M40	25～40	18.5
GV3-M63	40～63	30
GV3-M80	63～80	40

5. 空气开关附件	
型 号	技术参数
GV2-AE1	1NO OR 1NC 正面安装
GV2-AE11	1NO + 1NC 正面安装
GV2-AE20	2NO 正面安装
GV2-AN11	1NO + 1NC 侧面安装
GV2-AN20	2NO 侧面安装
GV2-MC01	用于 GV2 表面安装 IP41
GV2-MC02	带手动开起双重绝缘 P55
GV2-MC03	不带手动开起带保护引线，IP55 温度＜5℃

六、负荷开关

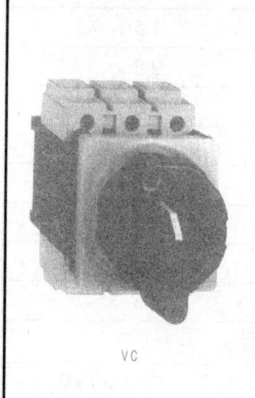

1. 带旋转操作手柄三极负荷开关	
型 号	额定电流 / A
VC-02(1)	12
VC-01(1)	20
VC-0(1)	25
VC-1(1)	32
VC-2(1)	40
VC-3(1)	63
VC-4(1)	80
VC-5(1)	125
VC-6(1)	175

七、塑壳断路器

型 号	额定电流 / A
NSD100 带热磁脱扣器	25 / 40 / 50 / 63 / 80 / 100
NSD125 A 带热磁脱扣器	125
NSD160 A 带热磁脱扣器	160
NSD250 带热磁脱扣器	200 / 225 / 250
NSD400 带电子脱扣器	350 / 400
NSD630 带电子脱扣器	500 / 630

续表

型号	分断能力	额定电流/A
NSC100B	10 kA	25/20/25/30/40/50/60/75/80/100
NSC100D	18 kA(AC380 V)	25/20/25/30/40/50/60/75/80/100
NSC160D	18 kA(AC380 V)	125/160
NSC250D	18 KA(AC380 V)	200/225/250

八、小型断路器

型号	技术参数
C45N-1P-1A	1极1A
C45N-1P-3A	1极3A
C45N-1P-6A	1极6A
C45N-1P-10A	1极10A
C45N-1P-16A	1极16A
C45N-1P-20A	1极20A
C45N-1P-25A	1极25A
C45N-1P-32A	1极32A
C45N-1P-40A	1极40A
C45N-1P-50A	1极50A
C45N-1P-63A	1极63A
C45N-2P-1A	2极1A
C45N-2P-3A	2极3A
C45N-2P-6A	2极6A
C45N-2P-10A	2极10A
C45N-2P-16A	2极16A
C45N-2P-20A	2极20A
C45N-2P-25A	2极25A
C45N-2P-32A	2极32A
C45N-2P-40A	2极40A
C45N-2P-50A	2极50A
C45N-2P-63A	2极63A
C45N-3P-1A	3极1A
C45N-3P-3A	3极3A
C45N-3P-6A	3极6A
C45N-3P-16A	3极16A
C45N-3P-10A	3极10A
C45N-3P-20A	3极20A
C45N-3P-25A	3极25A

C45AD-2P-1A

C45AD-3P-3A | C45N-3P-32A | 3极32 A |
	C45N-3P-40A	3极40 A
	C45N-3P-50A	3极50 A
	C45N-3P-63A	3极63 A
	C45AD-1P-1A	1极1 A
	C45AD-1P-3A	1极3 A
	C45AD-1P-6A	1极6 A
	C45AD-1P-10A	1极10 A
	C45AD-1P-16A	1极16 A
	C45AD-1P-20A	1极20 A
	C45AD-1P-25A	1极25 A
	C45AD-1P-32A	1极32 A
	C45AD-1P-40A	1极40 A
	C45AD-2P-1A	2极1 A
	C45AD-2P-3A	2极3 A
	C45AD-2P-6A	2极6 A
	C45AD-2P-10A	2极10 A
	C45AD-2P-16A	2极16 A
	C45AD-2P-20A	2极20 A
	C45AD-2P-25A	2极25 A
	C45AD-3P-32A	2极32 A
	C45AD-3P-40A	2极40 A
	C45AD-3P-1A	3极1 A
	C45AD-3P-3A	3极3 A
	C45AD-3P-6A	3极6 A
	C45AD-3P-10A	3极10 A
	C45AD-3P-16A	3极16 A
	C45AD-3P-20A	3极20 A
	C45AD-3P-25A	3极25 A
	C45AD-3P-32A	3极32 A
	C45AD-3P-40A	3极40 A

九、人机对话系列

	1. XB2-E 系列按钮、选择开关、指示灯			
	a. XB2-E 系列按钮			
	型号	颜色	触点类型	描述
	XB2-EA121	黑	N/O(常开)	弹簧返回

附　录

续表

型　号	颜色	触点类型	描述
XB2-EA131	绿	N/O(常开)	弹簧返回
XB2-EA142	红	N/C(常闭)	弹簧返回
XB2-EA125	黑	1N/O+1N/C	弹簧返回
XB2-EA135	绿	1N/O+1N/C	弹簧返回
XB2-EA145	红	1N/O+1N/C	弹簧返回
XB2-EH125	黑	1N/O+1N/C	自锁定
XB2-EH135	绿	1N/O+1N/C	自锁定

b. 带灯按钮(不含灯泡)

型　号	颜色	触点类型	描述
XB2-EW3361	绿	N/O(常开)	直接式带灯按钮
XB2-EW3462	红	N/C(常闭)	直接式带灯按钮
XB2-EW3561	黄	N/O(常开)	直接式带灯按钮

c. 选择开关

型　号	触点类型	操作头	描述
XB2-ED21	N/O	标准手柄	二位置锁定式
XB2-ED33	1N/O+1N/O	标准手柄	二位置锁定式
XB2-EG21	N/O	钥匙	二位置锁定式
XB2-EG33	1N/O+1N/O	钥匙	三位置锁定式

d. 急停按钮

型　号	颜色	触点类型	描述
XB2-ES542	红	N/C(常闭)	旋转断开 40 mm
XB2-ES142	红	N/C(常闭)	钥匙断开 40 mm

e. 指示灯

描述	供电方式	供电电压	颜色	型号
与白炽灯联用 不包括灯泡	直接 BA9s 灯(1) 不提供	≤250 V 50/60 Hz	绿	XB2-EV163
			红	XB2-EV164
			黄	XB2-EV165
			蓝	XB2-EV166
	直接 E10/13 灯(1) 不提供	≤250 V 50/60 Hz	绿	XB2-EV663
			红	XB2-EV664
			黄	XB2-EV665
			蓝	XB2-EV666
与白炽灯联用 >1 000 h 包括灯泡	直接 BA9s 灯提供	130 V 50/60 Hz	绿	XB2-EV133
			红	XB2-EV134
			黄	XB2-EV135
			蓝	XB2-EV136

描述	供电方式	供电电压	颜色	型号
与白炽灯联用 >1 000 h 包括灯泡	带降压器 带 BA9s 130 V 灯	230 V 50/60 Hz	绿	XB2-EV173
			红	XB2-EV174
			黄	XB2-EV175
			蓝	XB2-EV176
	通过变压器 带 1.2 V·A E10/13.6 V 灯	110 V 50/60 Hz	绿	XB2-EV1823
			红	XB2-EV1824
			黄	XB2-EV1825
			蓝	XB2-EV1826
		230 V 50/60 Hz (+/−6%)	绿	XB2-EV1853
			红	XB2-EV1854
			黄	XB2-EV1855
			蓝	XB2-EV1856
与氖灯联用 >10 000 h 带反射器以 增强亮度	直接 BA9s 220/240 V 提供灯泡及反射器	230 V 50/60 Hz	绿	XB2-EV443
			红	XB2-EV444
			黄	XB2-EV445
			蓝	XB2-EV446
	直接 BA9s 380/415 V 提供灯泡及反射器	380 V 50/60 Hz	绿	XB2-EV453
			红	XB2-EV454
			黄	XB2-EV455
			蓝	XB2-EV456
	带 LED(2)	24 V	绿	XB2-EV10324
			红	XB2-EV10424
			黄	XB2-EV10524
		230 V	绿	XB2-EV103230
			红	XB2-EV104230
			黄	XB2-EV105230

2. XA2-B 系列按钮，选择开关，指示灯

a. 指示灯

型号	电源电压	颜色	描述
XA2-BV63	<380 V, 50 Hz	绿	直接电源，不带灯泡
XA2-BV64	<380 V, 50 Hz	红	直接电源，不带灯泡
XA2-BV65	<380 V, 50 Hz	黄	直接电源，不带灯泡
XA2-BV67	<380 V, 50 Hz	无色	直接电源，不带灯泡

b. 按钮

型号	颜色	触点类型	描述
XA2-BA21	黑	N/O(常开)	平头式
XA2-BA31	绿	N/O(常开)	平头式
XA2-BA61	蓝	N/O(常开)	平头式

续表

型　号	颜　色	触点类型	描　述
XA2-BA42	红	N/C(常闭)	平头式
XA2-BC42	红	N/C(常闭)	蘑菇头直径 $\phi 40$ mm

c. 锁扣蘑菇头紧急停止按钮

型　号	颜　色	触点类型	直径	描　述
XA2-BS442	红	N/C(常闭)	30 mm	转动复位
XA2-BS542	红	N/C(常闭)	40 mm	转动复位
XA2-BT42	红	N/C(常闭)	40 mm	直提复位

d. 选择开关

型　号	触点类型	操作手柄	描　述
XA2-BD21	N/O(常开)	标准型	二位锁定
XA2-BD33	N/O+N/O	标准型	三位锁定
XA2-BJ35	N/O+N/O	长型	三位锁定
XA2-BD55	N/O+N/O	标准型	三位两侧回零

e. 钥匙选择开关

型　号	触点类型	钥匙抽出位置	描　述
XA2-BG21	N/O(常开)	左侧	二位锁定
XA2-BG25	N/O+N/C	左侧	二位锁定
XA2-BG53	N/O+N/O	任意位置	三位锁定
XA2-BG54	N/C+N/C	任意位置	三位锁定
XA2-BG33	N/O+N/O	中间	三位锁定

f. 带灯平头按钮 1NO+1NC

型　号	颜　色	电源电压	描　述
XA2-BW3365	绿	<380 V/50 Hz	直接电源不带灯泡
XA2-BW3465	红	<380 V/50 Hz	直接电源不带灯泡
XA2-BW3565	黄	<380 V/50 Hz	直接电源不带灯泡
XA2-BW3665	蓝	<380 V/50 Hz	直接电源不带灯泡
XA2-BW3765	无色	<380 V/50 Hz	直接电源不带灯泡

3. XB2-B 系列按钮，选择开关，指示灯

a. 指示灯

型　号	颜　色	电源电压	电源
XB2-BV63	绿	<380 V/50 Hz	直接电源
XB2-BV64	红	<380 V/50 Hz	直接电源
XB2-BV65	黄	<380 V/50 Hz	直接电源
XB2-BV73	绿	220~240 V 50 Hz	电阻式 带灯泡 BA9s, 6 V
XB2-BV74	红	220~240 V 50 Hz	电阻式 带灯泡 BA9s, 6 V
XB2-BV75	黄	220~240 V 50 Hz	电阻式 带灯泡 BA9s, 6 V

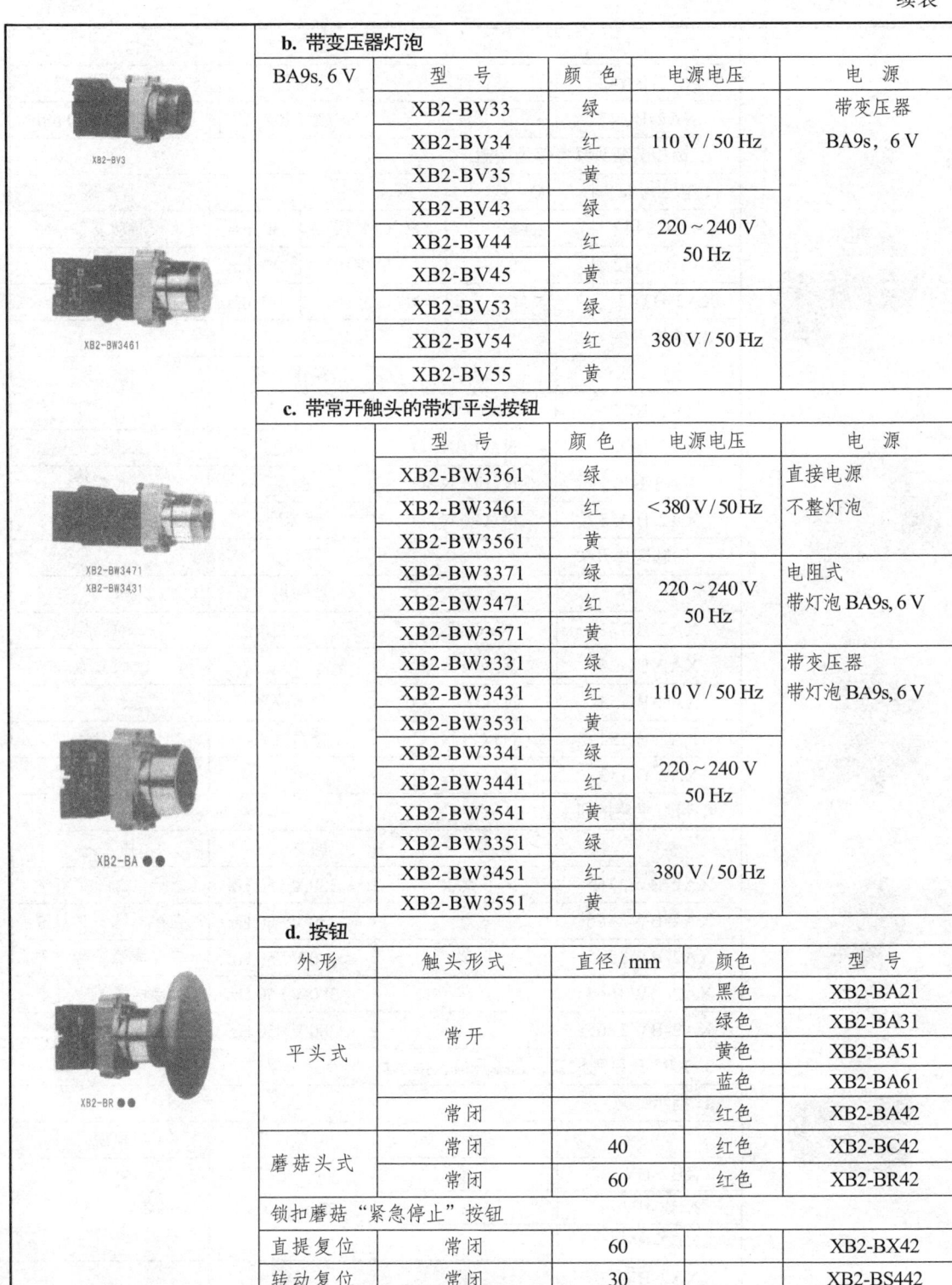

b. 带变压器灯泡

BA9s, 6 V	型号	颜色	电源电压	电源
	XB2-BV33	绿	110 V / 50 Hz	带变压器 BA9s, 6 V
	XB2-BV34	红		
	XB2-BV35	黄		
	XB2-BV43	绿	220~240 V 50 Hz	
	XB2-BV44	红		
	XB2-BV45	黄		
	XB2-BV53	绿	380 V / 50 Hz	
	XB2-BV54	红		
	XB2-BV55	黄		

c. 带常开触头的带灯平头按钮

型号	颜色	电源电压	电源
XB2-BW3361	绿	<380 V / 50 Hz	直接电源 不整灯泡
XB2-BW3461	红		
XB2-BW3561	黄		
XB2-BW3371	绿	220~240 V 50 Hz	电阻式 带灯泡 BA9s, 6 V
XB2-BW3471	红		
XB2-BW3571	黄		
XB2-BW3331	绿	110 V / 50 Hz	带变压器 带灯泡 BA9s, 6 V
XB2-BW3431	红		
XB2-BW3531	黄		
XB2-BW3341	绿	220~240 V 50 Hz	
XB2-BW3441	红		
XB2-BW3541	黄		
XB2-BW3351	绿	380 V / 50 Hz	
XB2-BW3451	红		
XB2-BW3551	黄		

d. 按钮

外形	触头形式	直径 / mm	颜色	型号
平头式	常开		黑色	XB2-BA21
			绿色	XB2-BA31
			黄色	XB2-BA51
			蓝色	XB2-BA61
	常闭		红色	XB2-BA42
蘑菇头式	常闭	40	红色	XB2-BC42
	常闭	60	红色	XB2-BR42
锁扣蘑菇"紧急停止"按钮				
直提复位	常闭	60		XB2-BX42
转动复位	常闭	30		XB2-BS442
		40		XB2-BS542
		60		XB2-BS642

附 录　　　161

续表

e. 选择开关

形　式	触头形式	操作手柄	型　号
二位锁定	常开	标准型	XB2-BD21
		长型	XB2-BJ21
	常开+常闭	标准型	XB2-BD25
		长型	XB2-BJ25
二位 从右到左 自动锁定	常开	标准型	XB2-BD41
		长型	XB2-BJ41
	常开+常闭	标准型	XB2-BD45
		长型	XB2-BJ45
三位锁定	常开+常开	标准型	XB2-BD33
		长型	XB2-BJ33
三位两侧回零	常开+常开	标准型	XB2-BD53
		长型	XB2-BJ53

f. 钥匙选择开关(钥匙号 455)

	触头形式	钥匙抽出位置	型　号
二位锁定	常开	左侧	XB2-BG21
	常开+常闭	左侧	XB2-BG25
二位回零	常开	左侧	XB2-BG61
	常开+常闭	左侧	XB2-BG65
三位锁定	常开+常开	中间	XB2-BG33
		左侧或右侧	XB2-BG53

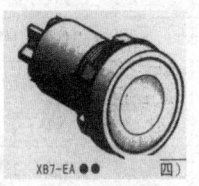

g. 小型主令开关

形　式	型　号
自动复位，二方向	XD2-PA22
自动复位，四方向	XD2-PA24

4. XB7-E 系列

a. 圆形按钮及选择开关

描述	触点类型			颜色	型　号
	N/O	N/C	C/O		
按钮 （弹簧返回）	1	—	—	黑	XB7-EA21
				绿	XB7-EA31
	—	1	—	红	XB7-EA42
	—	—	1	黑	XB7-EA25
				绿	XB7-EA35
				红	XB7-EA45
按钮 （锁定式）	1	—	—	黑	XB7-EH21
				绿	XB7-EH31
	—	—	1	黑	XB7-EH25
				绿	XB7-EH35
按钮（锁定式）	1	—	—	黑	XB7-EH21

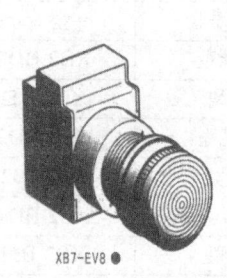

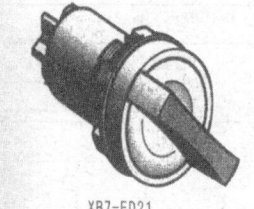

续表

b. 指示灯

供电	指示灯	电压	颜色	型号
直接供电	白炽灯 BA 9s 灯泡 (不提供)	~250 V	白	XB7-EV61
			绿	XB7-EV63
			红	XB7-EV64
			黄	XB7-EV65
			蓝	XB7-EV66
			透明	XB7-EV67
直接供电	氖灯泡 BA 9s (包括灯泡)	~230 V	白	XB7-EV41
			绿	XB7-EV43
			红	XB7-EV44
			黄	XB7-EV45
			蓝	XB7-EV46
			透明	XB7-EV47
带电阻降压	白炽灯 130 V/2.6 W BA 9s (包括灯泡)	~230 V	白	XB7-EV71
			绿	XB7-EV73
			红	XB7-EV74
			黄	XB7-EV75
			蓝	XB7-EV76
			透明	XB7-EV77
带变压器	白炽灯 6 V/12 W BA 9s (包括灯泡)	~230 V±6%	白	XB7-EV81
			绿	XB7-EV83
			红	XB7-EV84
			黄	XB7-EV85
			蓝	XB7-EV86
			透明	XB7-EV87
带 LED		24 V	绿	XB7-EV03B
			红	XB7-EV04B
			黄	XB7-EV05B
带 LED		~230 V	绿	XB7-EV03M
			红	XB7-EV04M
			黄	XB7-EV05M

c. 选择开关

型号	触头形式	描述
XB7-ED21	N/O(常开)	二位置锁定
XB7-ED33	N/O+N/O	三位置锁定
XB7-EG21	N/O	二位置钥匙锁定
XB7-EG33	N/O+N/O	三位置钥匙锁定

续表

d. 紧急按钮

型 号	触头形式	颜色	描 述
XB7-ES542	N/C	红	旋转断开
XB7-ES545	N/C + N/O	红	旋转断开
XB7-ES142	N/C	红	钥匙断开
XB7-ES145	N/C + N/O	红	钥匙断开

5. 配件

a. 按钮盒

XAL-B101H29

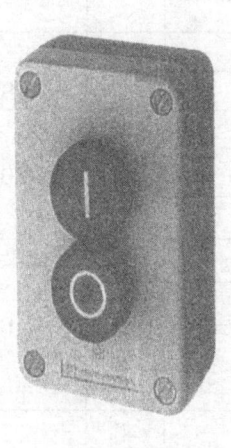

XAL-B213

描 述	触点形式	标牌标记	按钮标记	型 号
启动或停止(浅灰色盖,深灰色基座)				
一个绿色平头按钮 自动复位	常开	—	1	XAL-B102
一个红色平头按钮 自动复位	常闭	—	0	XAL-B112
一个红色蘑菇头按钮直径 40 mm	自动复位 常闭	Emergency Stop		XAL-B164
	转动复位 常闭	Emergency Stop		XAL-B174
一个红色凸头按钮 自动复位	常闭	Stop		XAL-B116
急停(黄色盖,深灰色基座)				
一个红色蘑菇头锁扣按钮 直径 40 mm	常闭	空		XAL-J174
一个红色蘑菇头锁扣按钮 直径 40 mm 锁匙复位(n° 455)	常闭	空		XAL-J184
绝对安全型急停按钮				
一个红色蘑菇头锁扣按钮 直径 40 mm 转动复位	常闭	空		XAL-J178
一个红色蘑菇头锁扣按钮 直径 40 mm 转动复位(n° 455)	常闭	空		XAL-J188
启动—停止(浅灰色盖,深灰色基座)				
二个自动复位按钮 一个红色平头按钮	常开	—	1	XAL-B213
一个绿色平头复位	常闭	—	0	

续表

描 述	触点形式	标牌标记	按钮标记	型 号
一个选择开关 二位锁定 标准黑色柄	常开	1 0	— —	XAL-B134
一个钥匙选择开关(n° 455) 二位锁定,钥匙左位抽出	常闭	1 0	— —	XAL-B144
带指示灯的"启动—停止"(浅灰色盖,深灰色基座)				
一个红色指示灯 直流电源<130 V,不带灯泡 二个自动复位按钮 一个红色平头按钮 一个绿色平头按钮	常开+常闭	— —	1 0	XAL-B363
一个红色指示灯 220/250 V 电阻式 带 BA9 s-130 V 灯泡 二个自动复位按钮 一个红色平头按钮 一个绿色平头铵钮	常开+常闭	— —	1 0	XAL-B373
动作控制 (浅灰色盖,深灰色基座)				
二个自动复位按钮 一个红色平头按钮 一个绿色平头按钮	常开+常闭	open close	— —	XAL-B241
二个自动复位按钮 一个白色—一个黑色	常开+常闭	— — ← →	↑ ↓ — —	XAL-B222 XAL-B223
三个自动复位按钮 一个绿色平头按钮 一个红色平头按钮 一个绿色平头按钮	常开+常闭 +常开	— — —	1 ○ ↓	XAL-B339
三个自动复位按钮 一个绿色平头按钮 一个红色平头按钮 一个绿色平头按钮	常开+常闭 +常开	— — — —	↑ ○ ↓ ←	XAL-B324 XAL-B334
			○	

续表

b. 灯泡

型　号	电源电压 / V	功率 / W	描　述
DL1-CB006	6	1.5	AC/DC 白炽灯
DL1-CE024	24	2.6	AC/DC 白炽灯
DL1-CE048	48	2.6	AC/DC 白炽灯
DL1-CE130	130	2.6	AC/DC 白炽灯
DL1-CE006NSP	6	1.5	AC/DC 白炽灯
DL1-CE024NSP	24	2.6	AC/DC 白炽灯
DL1-CE048NSP	48	2.6	AC/DC 白炽灯
DL1-CE130NSP	130	2.6	AC/DC 白炽灯
DL1-CS3220	220	2.6	氖灯绿色
DL1-CS6220	220	2.6	氖灯蓝色
DL1-CS7220	220	2.6	氖灯透明
DL1-CS3380	380	2.6	氖灯绿色
DL1-CS6380	380	2.6	氖灯蓝色
DL1-CS7380	380	2.6	氖灯透明

十、光电开关

1. M18 圆柱形塑料壳系列（DC 三线晶体管输出，12~24 V 带短路保护和状态指示）

连接：带 2 m 电缆

描　述	作用距离 / mm	输出	型　号
反射(带 50×50 反光板)	4	亮/暗可调	XU1-P18*P340
漫射	0.1	亮/暗可调	XU5-P18*P340

连接：M12 连接器

描　述	作用距离 / mm	输出	型　号
反射(带 50×50 反光板)	4	亮/暗可调	XU1-P18*P340D
漫射	0.1	亮/暗可调	XU5-P18*P340D

2. M28 圆柱形金属壳系列（DC 三线，晶体管输出，12~24 V，带短路保护和状态指示）

连接：带 2 m 电缆

描　述	作用距离 / mm	输出	型　号
反射(带 50×50 反光板)	4	亮/暗可调	XU1-N18*P340
反射，带 90° 传感头和 50×50 反光板	4	亮/暗可调	XU1-N18*P340W

续表

描　述	作用距离/mm	输出	型号
漫射	0.1	亮/暗可调	XU5-N18*P340
漫射，带90°传感头	0.1	亮/暗可调	XU5-N18*P340W

连接：M12连接器

描　述	作用距离/mm	输出	型号
反射(带50×50反光板)	4	亮/暗可调	XU1-N18*P340D
反射，带90°传感头和50×50反光板	4	亮/暗可调	XU1-N18*P340WD
漫射	0.1	亮/暗可调	XU5-N18*P340D
漫射，带90°传感头	0.1	亮/暗可调	XU5-N18*P340WD

注：P表示PNP型，N表示NPN型。

十一、接近开关

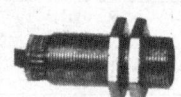
XS1-N12PA340

1. XS1N 超短圆柱形金属壳系列

2 m 电缆，IP67，70 ℃，嵌装，发光二极管显示

DC 三线，晶体管输出，常开，12～24 V，带过载和短路保护

尺寸/mm	安装	作用距离/mm	输出	型号
φ4	发光二极管	1		XS1-L04*A310
M5	嵌装	1		XS1-N05*A310
φ6.5	嵌装	1.5		XS1-L06*A140
M8	嵌装	1.5		XS1-N08*A340
M12	嵌装	2		XS1-N12*A340
M18	嵌装	5		XS1-N18*A340
M30	嵌装	10		XS1-N30*A340
M12	非嵌装	4		XS2-N12*A340
M18	非嵌装	8		XS2-N18*A340
M30	非嵌装	15		XS2-N30*A340
M8	嵌装	2.5	范围可增加	XS1-N08*A349
M12	嵌装	4	范围可增加	XS1-N12*A349
M18	嵌装	10	范围可增加	XS1-N18*A349
M30	嵌装	20	范围可增加	XS1-N30*A349

注：N表示NPN型，P表示PNP型

2. XS1D 圆柱 A 型金属壳经济系列

2 m 电缆，IP67，70 ℃，嵌装，发光二极管显示

续表

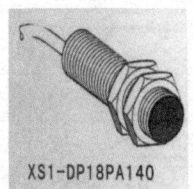
XS1-DP18PA140

A型，DC三线，常开，24 V，晶体管输出，带过载和短路保护

尺寸 / mm	安装	作用距离 / mm	型号
M8	嵌装	1.5	XS1-D08PA140
M12	嵌装	2	XS1-D12*A140
M18	嵌装	5	XS1-D18*A140
M30	嵌装	10	XS1-D30*A140
M12	非嵌装	4	XS2-D12*A140

注：N表示NPN型，P表示PNP型

3. XS1M 圆柱 A 型金属壳多功能系列

2 m 电缆，IP68，80 ℃，嵌装，发光二极管显示

A型，DC二线，常开无极化的，12~48 V，带过载和短路保护

尺寸 / mm	作用距离 / mm	型号
M12	2	XS1-M12DA210
M18	5	XS1-M18DA210
M30	10	XS1-M30DA210

A型，DC三线，PNP/NPN，常开/常闭，12~48 V，带过载和短路保护

尺寸 / mm	作用距离 / mm	型号
M12	2	XS1-M12KP340
M18	5	XS1-M18KP340
M30	10	XS1-M30KP340

XS1-M12DA210

注：N表示NPN型，P表示PNP型

A型，AC/DC二线，24~240 V，无过载和短路保护

尺寸 / mm	安装	作用距离 / mm	型号
M8	嵌装	1.5	XS1-M08M*230
M12	嵌装	2	XS1-M12M*230
M18	嵌装	5	XS1-M18M*230
M30	嵌装	10	XS1-M30M*230
M12	非嵌装	4	XS2-M12M*230
M18	非嵌装	8	XS2-M18M*230
M30	非嵌装	15	XS2-M30M*230

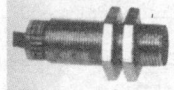
XS1-M12MA230

注：A表示常开输出，P表示常闭输出

A型，AC二线，IP67，70 ℃，嵌装，发光二极管显示

尺寸 / mm	安装	作用距离 / mm	型号
M12	嵌装	2	XS1-M12FA264
M18	嵌装	5	XS1-M18FA264
M30	嵌装	10	XS1-M30FA264

XS4-P12PA340

4. XS4P 圆柱 A 型塑料壳系列

2 m 电缆，IP67，80 ℃，发光二极管

超短外壳，DC 三线，晶体管输出，常开，12~24 V，带过载和短路保护

尺寸 / mm	安 装	作用距离 / mm	型 号
M8	非嵌装	2.5	XS4-P08*A340
M12	非嵌装	4	XS4-P12*A340
M18	非嵌装	8	XS4-P18*A340
M30	非嵌装	15	XS4-P30*A340

注：N 表示 NPN 型，P 表示 PNP 型

A 型，AC/DC 二线，常开/常闭，12~24 V，带过载和短路保护

尺寸 / mm	安 装	作用距离 / mm	型 号
M8	非嵌装	2.5	XS4-P08M*A230
M12	非嵌装	4	XS4-P12M*A230
M18	非嵌装	8	XS4-P18M*A230
M30	非嵌装	15	XS4-P30M*A230

注：A 表示常开输出，B 表示常闭输出

A 型，DC 三线，PNP/NPN，常开/常闭，12~24 V，带过载和短路保护

尺寸 / mm	安 装	作用距离 / mm	型 号
M12	非嵌装	4	XS4-P12KP340
M18	非嵌装	8	XS4-P18KP340
M30	非嵌装	15	XS4-P30KP340

十二、限位开关

1. XCK-P 塑料系列，双重绝缘位开关（单接线孔，符合欧洲 EW50041 标准）

转动头部

描 述	触头形式	型 号
热塑摆动头部	1 开 / 闭	XCK-P118
多向头部		
弹性铁丝	1 开 / 闭	XCK-P106
直动头部		
直动头部	1 开 / 闭	XCK-P110
热塑滚轮直动式	1 开 / 闭	XCK-102
用于一个方向水平操作的 DELRIN 滚柱直动杆	1 开 / 闭	XCK-P121
用于一个方向垂直操作的 DELRIN 滚柱直动杆	1 开 / 闭	XCK-P127

续表

 2. XCK-M 金属系列		
3. 接线孔		
转动头部		
描 述	触头形式	型 号
热塑摆动头部	1 开 / 闭	XCK-M115
多向头部		
弹性铁丝	1 开 / 闭	XCK-M106
直动头部		
滚轮直动头部	1 开 / 闭	XCK-M102
金属直动头部	1 开 / 闭	XCK-M110
104		
带橡皮套的 Delrin 滚柱直动杆	1 开 / 闭	XCK-M121

XCK-M115

参考文献

[1] 袁维义. 电工技能实训[M]. 北京：电子工业出版社，2003.
[2] 郑凤翼. 怎样看电气控制电路图[M]. 北京：人民邮电出版社，2003.
[3] 齐占伟. 看图学电气控制设备故障检修[M]. 北京：机械工业出版社，2004.
[4] 中国机械工程学会设备与维修工程分会. 工厂电气维修设备问答[M]. 北京：机械工业出版社，2005.
[5] 常文平. 电工实习指导[M]. 北京：机械工业出版社，2006.
[6] 王兵. 常用机床电气检修[M]. 北京：中国劳动社会保障出版社，2006.
[7] 周万平. 维修电工技能[M]. 北京：中国劳动社会保障出版社，2006.
[8] 阮友德. 电气控制与PLC实训教程[M]. 北京：人民邮电出版社，2006.
[9] 龙飞文. 电机构造及维修[M]. 北京：中国劳动社会保障出版社，2006.
[10] 周元一. 电机与电气控制[M]. 北京：机械工业出版社，2006.
[11] 李金钟. 电机与电气控制[M]. 北京：中国劳动社会保障出版社，2007.
[12] 邵群涛. 电机及拖动基础[M]. 北京：机械工业出版社，2008.
[13] 曲昀卿，王计波. 电机与电气控制技术[M]. 北京：人民邮电出版社，2012.
[14] 郭艳萍，张海红. 电气控制与PLC应用[M]. 北京：人民邮电出版社，2013.
[15] 李俊秀. 电气控制与PLC应用技术[M]. 北京：化学工业出版社，2015.